做人不能太任性 做事不能太随意

马银春 · 编著

中国商业出版社

图书在版编目（CIP）数据

做人不能太任性 做事不能太随意/马银春编著. —北京：中国商业出版社，2013.12（2021.7 重印）

ISBN 978-7-5044-8246-4

Ⅰ.①做… Ⅱ.①马… Ⅲ.①情绪—自我控制—通俗读物 Ⅳ.①B842.6-49

中国版本图书馆 CIP 数据核字（2013）第 220851 号

责任编辑：郭 强

中国商业出版社出版发行

010-63180647 www.c-cbook.com

（100053 北京广安门内报国寺 1 号）

新华书店经销

三河市华晨印务有限公司印刷

*

710 毫米×1000 毫米 16 开 16 印张 228 千字

2013 年 12 月第 1 版 2021 年 7 月第 2 次印刷

定价：39.80 元

* * * *

（如有印装质量问题可更换）

前　言

就在本书即将完稿之时，突然看到一条新闻，被称为中国青年创业教父的马云谈自己的成功时强调："一个人的成功与否跟情商有关系，成功不成功跟读书多少没关系。但是，跟你成功以后很有关系。成功人士不读书，他一定往下滑，而且会滑得很惨。"

的确，现今的中国企业家中，没上过大学，读书少且获得成功的大有人在。他们的成功至少说明了一点，读书的多少跟成功之间没有必然的联系。这些人成功的关键就在于马云所说的——情商。所谓情商，就是一个人在情绪、情感、意志、耐受挫折等各方面的品质。每个人的一生中，真正能影响你的应该是你的性格，你的世界观，你的价值观，你的耐心，你的信心，你的毅力，你的情绪，你的情感……

在我们身边，经常能听到这样的议论：某某特别聪明，简直就是神童，长大了肯定了不起。但是，这些人的经历往往没有像人们想象的那样，长大后成为某个领域的精英，反而，却显得比较平庸。为什么呢？有的孩子虽然很聪明，但性格孤僻、怪异、不合群、不宜合作。有的孩子自卑脆弱不能面对挫折，有的孩子急躁、固执、自负、情绪不稳定，有的孩子冷漠、易怒、神经质、难以与人沟通。特别爱以"我"为中心，什么都忘不掉一个"我"字，不关爱他人、不关心他人，总喜欢让别人围着他转。生活中，还有这样一些人，虽然智力不太出众，也不是太聪明，甚至大家认为他不可能有多大作为，但后来却成就了大事业，取得了大成就。究其原因，关键还在于他们的情商。

要提高自己的情商，首先从控制自己开始。只有管好了自己，才能有可能更好地具备成功所必需的条件。管好自己，就是控制好自己的情绪。我们每个人都不可能永远处在好情绪之中，生活中既然有挫折、有烦恼，就会有消极的情绪。一个心理成熟的人不是没有消极情绪的人，而是善于调节和控制自己情绪的人。如果情绪超越了自己能控制的范围，最好的方法不是释放或压抑，而是无为而为，要先学会定心。这是因为，坏情绪太大时，释放出来可能连自己也承受不起，也容易影响别人。心是最大的情绪控制中心，要稳定情绪必须从心开始，学习定心的方法，做自己情绪的主人。

人活在世上，谁都希望自己能“率性而为”，想哭就哭、想笑就笑、想生气就生气、想怎么样就怎么样。但在现实世界里，这些都是不切实际的幻想，永远也不可能实现，除非世界上只剩下你自己。一个人若养成了任性的习惯，那么他的每一次行动都可能被自己的情绪所左右，从而偏离正确的方向。结果，成功只能是一个遥远的梦。

康格瑞夫说过：“能支配他自己精神的人，比攻取一个城市的人还要伟大。”由此可见，自制力对人来讲是多么可贵，就在于它能够迫使自己勇敢地去执行理智的决定，能够控制那些不利于实现正当目标的心理障碍，不仅应该成为我们的一种习惯，也应该成为每个人获得成功所必备的素质。所谓自制，就是要控制住自己的各种欲望。这种欲望不仅表现在物质方面，对渴望成功的人来说，精神上的自制同样重要。衣食住行毕竟是身外之物，不少人都能克制，但精神上、意志力上的自制却非人人都能做到。

一个成功的人，其自制力表现在：大家都做情理上不该做的事时，他自制而不去做；大家都不做情理上应做的事时，他又强制自己去做。正所谓“众人皆醉我独醒”，做与不做，克制与强制，超乎常人性情之外，就是取得成功的因素。

当下社会正处于一个转型的时期，很多人和事都显得很浮躁。其实，这也是缺乏自制力的一个表现，其造成的影响已经显现出来，就是大家都觉得很累，但还得拖着疲惫的身子应酬在人与人的交往之中……

所以，在为人处世中，我们应当尽量克制自己，做人不要太任性，做事不要太随意。应当站在别人的角度，多替别人想想，少将自己当先；多一份尊重，少一点刻薄；多一点宽容，少一点计较。这样一来，你就能收获友谊，收获快乐，收获幸福！

目 录

第一篇

朋友间不可太随意

找准能跟你患难与共的朋友

社会在发展，生活在进步。朋友的类型也越来越细化，网友、车友、驴友、钓友等新鲜词接连冒出。人的一生中，会接触不计其数的陌生人。在大千世界中，如果能够因为聊得来而成为网友，因为某种爱好而成为车友、驴友、钓友，确实是一种缘分。朋友像一根火柴，光亮虽然微弱，却照亮了你迷茫的道路；朋友是救生圈，在你挣扎呛水的时刻套在你的身上；朋友好比冬日里的阳光，让你觉得暖洋洋、亮堂堂。一个人的生命中如果没有几个知心的朋友，这样的人生注定是残缺的。所以，当你遇到这样的朋友时，一定要好好地把握。

有人说：“朋友是天，朋友是地，有了朋友可顶天立地；朋友是风，朋友是雨，有了朋友可呼风唤雨。财富不是永久的，朋友却是永久的财富！”真朋友总是难求，哪怕就只有一个，都感觉很富有！如果是朋友，请珍惜现在，不要轻言走开！

有两个十分要好的朋友，彼此不分你我。一日，他们走进沙漠，干渴威胁着两兄弟的生命。上帝为了考验他俩的友谊，就对他们说：“前面有一棵树，树上有两个苹果，一个大的一个小的，吃了大的可以走出沙漠。”两兄弟开始争执，最后谁也没有说服谁，两个人在疲劳中睡着了。不知多长时间过去后，其中一个醒来，却发现朋友不见了。于是，他走到了那棵树下，摘下一个苹果。一看，很小很小。他感到朋友欺骗了他，非常愤怒。但到最后追上朋友的时候，朋友已昏迷过去了。他便上前抱起了朋友，看到他朋友手中的苹果比自己的还要小。最后，他们都经受住了上帝的考验，成为最好的朋友，并且都走出了沙漠。患难见真情，患难朋友才是真正的朋友！

现实生活虽不及沙漠的炎热，却有着沙漠般残酷的生存环境。在这种环境中，如何选择朋友？在结交朋友的过程中，必须注意哪些问题？很多人为此困惑。以下是交友的三大原则，但愿对大家交到知心朋友有所帮助。

第一，交友勿轻率。我们应把结交朋友看作一件十分严肃的事情。当你结交朋友时，一定要认真对待，绝不可轻率。在与对方交往的过程中，要注意观察其思想、兴趣、爱好、品质和行为，掂量一下是否值得结交。圣人孔子说过："无友不如己者。"就是说，不要和不如自己的人交朋友。这种观点虽然带有很大的片面性，但也说明了交友不可轻率的道理。朋友之间本是互有短长的，你在这方面有优点，他在其他方面有特长，朋友相处，长短互补，这也是交朋友的益处之一。孔子的意思是要交思想纯净、品德高尚的人，向这样的人看齐。还要注意，看朋友是不是值得结交并不是不允许朋友有缺点。人无完人，朋友也是如此。只要你所结交的朋友品行端正，能够真心帮助你，不至于对你有害，就可以了。真正的朋友总不忍坐视我们的颓丧，而是常鼓励我们，使我们增加勇气。

第二，择友需谨慎。我们在择友时，首先一定要明确自己的标准，即结交品行端正、心地善良、乐于助人、勤奋上进的人。这样的朋友就是益友，一生中都会对你有很大帮助。有的人以兴趣相投作为唯一标准，而不论对方的思想品行，只讲朋友义气，只要你对我好，我也对你同样好。你敬我一尺，我敬你一丈。你肯为我赴汤蹈火，我也会为你两肋插刀。至于是不是有利于自己，有利于他人和社会，则根本不考虑。在他的朋友中，既有讲吃讲喝者，又有讲玩讲闹者，甚至还有为非作歹、流氓地痞之类的人。"近朱者赤，近墨者黑。"这样一来，难免影响到自己。因此，我们一定要慎重选择朋友，切不可滥交，一定要避免和那些道德品行不端的人结交，免得沾染恶习。

第三，多交必滥。交友结友不在多，而在于质量。多交必滥，这是中国古代人对交朋友的经验总结。人们常说："朋友遍天下，知心有几人？"的确，知音难觅。况且，一个人的精力是有限的，如果不加选择，一味地以多结交朋友为荣，则会整日忙于应酬，把大部分精力都放在与朋友的周旋上，必然影响自己的正常工作、学习和生活。再者，结交的人多了，也必然影响到对朋友的视察和鉴别。如果所结交的人中有品行不端或用心不良者，也很可能给你带来危害。在社会上，确实有这么一种人，以广泛结交朋友为荣，可以说三教九流，无所不交。严格地说，这不是在交朋友，只不过是不负责任的一般交际行为。真正的朋友不在于相互利用，而在于拥有共同的志向和思想，在于互相帮助，使生活增加乐趣，让友谊为你的生活再增加一些光彩。

留个面子，他会很感激你

俗话说：“人要脸，树要皮。”这句看似简单的古老的格言却说出了人性的一个特点：人都是爱面子的。有这样一个观点：给别人面子，就是给了自己一份厚礼。在人际交往中，许多人因为各种目的，喜欢争强好胜，不懂得给别人留面子。

一些人在和朋友争论某个问题时，往往你一言我一语，话赶着话，互不相让，争论越来越激烈。最后，导致一方恼羞成怒，由讨论问题转向人身攻击，另一方以怒制怒，两人不欢而散。于是，一场朋友间的交流变成了破坏友谊的导火线。还有一些学生平时和师长交流时，不懂得给师长留面子，自认为对某事有高于师长的见解，就毫无顾忌地高谈阔论，批评对方的观点，不顾及师长的感受，只图自己一时之快。

这些人的共同特点就是不懂得给对方留面子。做人留一线，日后好见面。其实，无论世界哪个国家的人，其民族风气如何，人们都是要面子的。外国如此，中国也一样。每个人都在寻求被尊重的感觉，他判断别人对他好与不好的底线之一，是别人尊重他与否，对他敬重膜拜自然更好。

池田大作是日本创价学会名誉会长、国际创价学会会长，同时，他还是世界著名的佛教思想家、教育家和社会活动家。在谈及企业管理时，池田大作说：“只有坚持人的尊严，才能有力地抑制人的自然性。”池田认为，每个人都很看重自己的面子。但是，你要别人给你面子，你也要给别人面子。所以，在平时的工作中，上司一定要给自己的下属留面子。这是因为，下属也是人，他有自己的自尊心。如果不给他面子，就算他当时没有和你争辩，在以后的工作中也可能不给你面子。

池田还提醒管理者，千万不要在客人或第三者面前批评指责下属。否则，当事人会觉得自己此刻是他人生中最恶劣、最糟糕的时刻，强烈的羞耻心会涌上心头。所以，管理者一定要给下属留面子，不要在有第三者的情况下批评下属，这样才会有利于建立彼此间的信赖关系。他还强调，每一个管理者都应该明白，人的自尊心是受保护的。明智的领导不仅会尊重下属的人格，还会增强下属的自尊心。这样一来，下属就会追求上进，努力为企业工作。如果下属的自尊心受到伤害，就会感到很没有面子，那么对领导安排的工作就很难做到尽心尽力。甚至，他还会积极筹划离开本单位，作为管理者的面子也会受到不同程度的损伤。池田还指出，管理者在责怪下属今天的错误时，引用过去是不恰当的。揭人疮疤除了让人不愉快之外，解决不了丝毫问题，并且还会让下属寒心。所以，在批评下属时，要运用正确的责难方式和态度，这样才会被当事人接受。不然，不仅对解决问题没有帮助，还会使受辱的一方心怀不平，甚至怀恨在心。这样一来，无论他是辞职不干还是在工作中不予配合，对于管理者的面子都是一种损伤。所以，给下属面子，既是实际工作的需要，也是管理者面子的需要。

在人际关系中，面子代表了一个人的形象和自尊，正常人没有不在乎自己面子的。所以，懂得“面子”的学问对人际交往来说有着重要的作用。面子是中国人为人处世的通行证。无论办什么事情，中国人都习惯讲究“面子”。比如，我们经常能听到人们说：“我是看在××的面子上才……”“就当是给个面子”。面子没有重量，却在人们心中有着极为重要的分量；面子没有体积，却涵盖着一个人的尊严和名誉。

留面子是一门学问，不会留面子的人将很难取得别人的信任和好感。试想，一个时时揭露别人的短处，不留情面的家伙如何会有人喜欢呢？在职场上，要学会给别人留面子：给老板留面子，将会得到老板的欣赏；给同事留面子，将会得到同事的爱戴；给客户留面子，将会得到客户的理解。这是因为，职场的环境和生活环境略有不同，职场中人与人彼此相交不深，利益纠缠却是不浅。给人面子与不给人面子之间的差异，是非常大的。面子是名，利益是实。名与实在大多数情况下是统一的。因此，一个人如果感觉到你给他面子，看得起他，就会想到你是他的朋友，与他是站在同一战线的，你将可以与他组成利益共同体。面子虽然是表面上的东西，其实与后面的利益直接联系在一起。

所以，在工作中，千万不要只图自己一时痛快，不给同事或朋友留面子。这是人际交往的大忌，也是不尊重他人的一种表现。因此，在日常生活中，我们要注意锻炼这方面的能力。只有这样，你才能成为那个不管身处何处都很受欢迎的人。

朋友间救急不救穷

“天有不测风云，人有旦夕祸福。”人活在世上，总有需要别人帮忙的时候。其实，需要别人帮忙是难免的，但谁能帮别人一辈子？谁又能一辈子都靠别人帮忙生活呢？事物的发展在于内因，外界的有利因素和不利因素只能影响事物发展的过程，而最终起决定作用的仍然是事物本身。打个比方，朋友就像消防队员，在你遇到紧急情况时才求助于他们，自己能办到的还是要靠自己。朋友不是你的影子，随时随地跟着你；朋友不是你的教师，发现你有错误就能及时指出，有问必答；朋友不是你的父母，可以无私地包容你的一切；朋友能做的，是在你有困难而他们能帮得上忙时，伸手拉你一把。

应该明白，朋友是一种资源，应该在最需要的时候用。中国有一句古话：“救急不救穷。”所谓“救急”，指的是当一个人面临紧急的情况时（这里指的是缺钱），需要别人伸出援助之手。之所以“不救穷”，是因为在一般人看来，贫穷只能靠自己的力量才能改变，靠别人的救济是无法改变的。救急不救穷，最现实最常见的就是金钱问题。这里有一则真实的故事：

刘明是一个房产开发公司的老板，有钱，人也特别好。江山和刘明从小学到大学一直是同学，是好朋友。转眼十三年过去了，两个人的情况却相差很远。江山在一个县城中学当教师，当然这并未妨碍江、刘二人继续是朋友。一个两袖清风的教师和一个腰缠万贯的老板如何相处呢？江山的妻子是个下岗女工，儿子已八岁，正上小学，花费颇大，只靠江山一个月 1000 元的工资维持生活，日子有些艰难。江山没有向刘明开口借钱，一是因为这是一笔小钱，在刘明眼里算不得钱，不值得向刘明开口借钱。二是因为不是借一次能解决问题的，这月借了，下个月怎么办呢？以后怎么办？一直这样借下去吗？而且，江山的经济情况也不是一时就会转好的，如果借了钱何时才能还呢？可不幸的是，家人出了车祸，手术的费用得 4 万元左右。这时候，江山没有选择，只好向刘明借钱了。一个人能有几个一下拿得出 4 万块钱而又对他的生活没有影响的朋友呢？

从刘明的角度来看，假如江山零星地从刘明那里借了些钱，当作生活费用掉了，这笔钱对刘明来说算不了什么。可是，朋友关系却从此不再平衡。吃人家嘴短，拿人家手软，江山难以再用平等的心态对待刘明，难免会产生不服、嫉妒、自卑的心理。想当年，你我差不多，甚至你还不如我，凭什么你现在就可以大把大把地赚钱，我却只能靠跟你借钱来维持生活？江山在刘明面前慢慢就会失掉自尊，开始自卑。一个没有自尊的人是什么事都会干得出来的。刘明借钱是好心帮助他，却不一定有好的结果。如果江山因为家人的意外而向刘明借钱，这笔钱对江山的意义非常重大，自然会因此对刘明心存感激。救急不救穷，不只限于金钱方面，而是指帮朋友时，应该给朋友一根拐杖，让他自己站起来，而不是一直扶着他。小时候，小孩学走路，父母不是一直手牵着他们，而是在他要摔倒时扶一把，做朋友也应如此。

如果一个朋友是“穷”而不是“急”，你所付出的，他不会珍惜。这时候的朋友只是依附于你身上的一个包袱，只是更加助长了他安于“穷”的情绪和思想。只在朋友迫切需要时，即“急”的状态下，你所付出的，朋友才会珍惜。作为朋友，没有义务、没有必要去根治朋友的“穷”，朋友的作用就在于救“急”。帮助朋友，要救急不救穷；自己要求朋友帮助时，也是要求救急。如果你总是要求朋友“救穷”，朋友可能会因此看低你，对你的请求帮助也会不以为然。到你真正想要朋友“救急”时，朋友会认为你仍在要求“救穷”，这是朋友相处中的“狼来了”的故事。作为朋友，要像消防队员一样，“救急不救穷”，要求朋友“救穷”是在浪费朋友的资源。

我们应当懂得，朋友是一种资源，可以使用，但绝不能透支。朋友之间交往，最现实、最常见的往往就是金钱问题。“救急不救穷”，不仅只限于金钱方面，而是指在帮助朋友时，应该给朋友一根拐杖，让他们站立起来，而不是一直扶着他。即使是你最好的朋友，你也不可事事都向他求助，把朋友资源都零零星星、琐琐碎碎地透支了，破坏朋友之间的感情。

善意谎言，良苦用心

人的一生中，很多时候都是在理想与现实的困惑中挣扎，经过一番磨砺后，才找到方向，然后各自按照不同的选择生活下去。

做人要诚实，做事要勤快。从懂事时起，父母、老师和书本上都在重复着同样的话。还记得父母常常告诫的一句话："做一个诚实的孩子，做一个老实人！"很多人也是遵循这样的教诲。踏进社会指导自己的工作、生活和为人处世时，却发现许多事情和我们受过的教育是相背离的。在现实生活中，要做一个"真正诚实"的人根本不可能，因为曾经历过说了"诚实"的话，不仅让朋友或同事受伤，也让自己难过。反之，说些违心的话却皆大欢喜。渐渐发现，其实生活中某些时候需要一些善意的谎言，来蒙蔽安慰自己。也许大家认为，说谎是一种不道德的行为。但人与人之间的相处，偶尔还是需要一些善意的谎言。不分场合的"诚实"，不仅会伤害别人，也会伤害自己。善意的谎言不是以利己为目的，这种在适当时候说出的谎言饱含真诚，散发出温暖的光辉，能让说谎者与被"骗"者共享欢愉。

有两个盲人，一直以说书、弹三弦为生。老者是师父，70 多岁；幼者是徒弟，20 岁不到。师父已经弹断了 999 根弦了，离 1000 根弦只差一根了。师父的师父临死的时候对师父说："我这里有一张复明的药方，我将它封进你的琴槽中。当你弹断了第 1000 根弦的时候，你才可以取出药方。记住，你弹断每一根弦时都必须是尽心尽力的。否则，再灵的药方也会失去效用。"那时，师父还是 20 岁的小青年。可如今，他已皓发银须。50 年来，他一直奔着那复明的梦想。他知道，那是一张祖传的秘方。一声脆响，师父终于弹断了最后一根琴弦，他直奔城中的药铺。当他充满虔诚、满怀期待地准备取草药时，掌柜的告诉他："那是一张白纸。"他的头"嗡"地响了一下，平静下来以后，他明白了一切：原来师父欺骗他说弹断 1000 根琴弦，就能得到那复明的药方，只是真诚、善意的谎言，自己就是靠着这善意的谎言才有了生存的勇气。回家后，他郑重地对小徒弟说："我这里有一个复明的药方，我将它封入你的琴槽，当你弹断第 1200 根琴弦的时候，你才能去打开它。记住，必须用心去弹，师父将这个数错记为 1000 根了……"小徒弟虔诚地允诺着，他也跟他的师父一样，活在这个善意的谎言里。

这个谎言给了他希望的动力，引发他去追求生命中最美丽的时刻。如果师父不说这个谎，他的徒弟能愉快地面对自己的将来吗？"撇开道德的标准，谎言就是一种智慧。"美丽的谎言出于善良和真诚，它无悖于道德。说实话，有时比说谎言更伤人。因此，我们要学会在适当的时候说些谎言。很多时候，真诚的谎言比什么都有力量。真诚是人人必备的美德，它不排除善意的谎言。只要你掌握一定的原则，你所制造的谎言会比你的真诚更能赢得别人的心。从某种意义上讲，说谎成了人们交往与沟通的一种生活必需。但是，也不能把善意的谎言当成一种习惯，脱口而出，不负责。那将会适得其反，你会沦为一个名副其实的骗子，失去别人对自己的信任，失去做人的根本。

每个人做人处世都有自己的原则，身为愚人，做不了一个完全诚实的人，那就做一个言而有信、有诚信的人。过于诚实，不会灵活变通，会让我们在人与人交往中受挫，会产生一些难以避免的误会和矛盾。但是，坚持诚信则不会。只要坚守做人有诚信，就一定会拥有良好的人际关系，取得别人的信任和好感。那么，如何把握说善意谎言的分寸呢？我们可以从四个方面去尝试：

第一，说出善意的谎话。有时，出于对别人利益的考虑，从善良的愿望出发，去编织一些谎话。比如，对癌症患者撒谎说他的病不是癌，以免病人受到刺激，使病情恶化。对生病的孩子撒谎说药不苦，是为了让他把药吃下去治好病；对老人说他年轻，是为了满足他的心理需要，让他生活更带劲儿；

对妻子炒的菜虽感咸点，却说味道好极了，是为了珍惜她的劳动，保持她烹调的积极性。

第二，应急的谎言。或者，害怕对方斥责，为逃避恐惧而撒谎；或者，身处进退两难的境地，找借口婉拒朋友之邀而撒谎。比如，恰好要陪妻子上街或与恋人约会，这时只好找借口婉拒朋友之邀。这就是在不破坏朋友情绪的原则上，以谎言作为拒绝的手段。

第三，调侃的谎言。在言谈中，为了强调言谈内容的情景，故意把未曾发生过的事情编入事实，以增强谈话的气氛。英国著名作家、戏剧家肖伯纳说过："我开玩笑的方法，就是编造真实。编造真实乃是这个世界最有情趣的玩笑。"

第四，社交的谎言。社交的谎言，在生活中起着润滑剂的作用。例如，客人的孩子摔坏了杯子，我们会说："没关系，早就想换新的了。"其实未必如此，不过是为了减轻客人的心理压力而已。招待客人时，主人头痛欲裂却装出笑容，以免扫大家的兴，让客人多玩一会儿。其实，早就盼客人散去，以便好好休息。这种谎言具有牺牲自己的利益，顾全别人的功能。

这里需要指出的是：你的谎言必须是以"成人之美、避人之嫌、宽人之心、利人之事"为目的的。谎言的设计应该是自然可信的，任何紧张造作和夸大其词都会引起别人的怀疑和反感。如果你能本着真诚，编造他人更容易接受而不伤害其他任何人的利益的谎言，那是你的高明，你完全没必要固执于"绝对诚实"。相反，你若本末倒置，即使"真诚"也会遭人唾弃。

不要随便打听朋友的隐私

你一个月工资多少？哪所学校毕业的？结婚了吗？有没有孩子？多大年龄？你们家人是做什么的？这些问题经常出现在我们每一个人的耳边。其实，回答这些问题并不难，但不是每个人都愿意与别人分享自己的这些秘密。

按照美国心理学家马斯洛的需求层次理论，人的安全需求是仅次于生理需求的第二层次的需求，每个人都有属于自己所不愿为外人所知的隐私。为了不让自己的隐私暴露而影响正常的生活，大家都有意无意地在打探别人隐私的同时为自己设置一道防护栏。

曾经有人开玩笑说："中国人没有隐私。"其实，这不像是玩笑，更像是实话。对那些爱经常打听别人隐私的人，笔者想问一句，打听那些东家长西家短的事情对你有什么好处吗？是有利于你工作顺利、家庭和睦，还是生活美满啊？打听这些事，不觉得累吗？脑袋里装了这么多和你无关的事情，不觉得烦吗？打听完再一传十、十传百的，你有没有替当事人着想过？如果你的隐私成为别人茶余饭后谈论的话题，你心里又会怎么想呢？喜欢打听别人的隐私从根本上说就是不尊重别人！所以，我们应该信奉简单逻辑，和自己无关的事情不要过问，除非是你身边的人主动要求你的帮助。

一位哲人曾经说过："距离产生美。"在人际交往中，保持适当的距离既是一种礼貌，也是一种保护自己隐私的方式。但总有这样一些人，他们乐此不疲地打听别人的隐私，好像这是他们生命中最值得关注的事情。心理学家表示，爱打听别人隐私的人一般控制欲很强，总想通过获得隐私的方式来控制对方。

郝奇是某商场服装柜台的售货员，平时除了向顾客推销衣服之外，她最喜欢的事情就是打听别人的隐私。

有一次，隔壁柜台的小王无意间向郝奇透露了对面卖鞋柜台的丹丹是个未婚妈妈，而且孩子的爸爸不知道到哪儿去了。从此，郝奇有事没事就跑到丹丹那里去聊天，看似很关心地问孩子的近况。刚开始，丹丹对郝奇的关心还挺感谢，毕竟关心她的人不多。渐渐地，丹丹发现郝奇越问越多。不仅问她是怎么跟孩子的爸爸认识的，还问她为什么孩子的爸爸不见了，究竟是什么原因。丹丹认为，这是非常隐私的事情，就没有跟郝奇说。郝奇问了几次都无果之后，心生不满，就把丹丹的事情告诉了其他几个人。

丹丹怕自己的事情传得沸沸扬扬，赶紧把郝奇叫过来，让她不要再多说。郝奇对丹丹说："其实，我也是关心你。不让我说也行，那你告诉我，孩子的爸爸究竟为什么抛弃你们娘俩?"无奈的丹丹只能吞吞吐吐地说出一些内情。还别说，郝奇还真的没有再出去宣扬丹丹的事情。但没过多久，郝奇又开始问："那孩子的爸爸现在在干什么？你们还有联络吗?"丹丹见郝奇越问越多，索性就不理她了。岂料，郝奇把这件事情弄得沸沸扬扬。气愤不已的丹丹在后悔之余，只能辞职，离开这个是非之地。

所谓隐私，就是隐蔽、不愿公开的私事。郝奇一直追问丹丹关于孩子爸爸的事情，已经触及丹丹的隐私，而丹丹也因为处理不得当而落得辞职的下场。

工作中，如果遇到像郝奇一样喜爱打听隐私的同事，一定要提高警惕。他们经常会有意无意地打听你的家世背景，打听你的工作进度，打听你和其他同事之间的关系。到最后，家世背景会成为他每天茶余饭后的谈资，工作进度会成为所有同事乃至领导都知道的"秘密"，你和其他同事的关系也会被添油加醋传得沸沸扬扬。想让他闭嘴吗？方法只有一个，跟他做"知心朋友"，在工作上大公无私地支持他，在生活中不计报酬地帮助他，而且还要时不时丢出几个新隐私给他"提神"。一旦惹得他不高兴，你所有的私密信息就会被昭告天下。

所以，遇到这样的同事时，最好的办法就是"敬而远之"，离开他，不理他，让你们之间完全没有任何交集。不要跟他谈隐私，也不要听他谈别人的隐私。当然，也不要一不做二不休跟他撕破脸划清界限，以免不知情的同事会觉得你不好相处，他还会到处栽赃说你坏话，实在是得不偿失。

口无遮拦，闲话伤人

“祸从口出”是我国古人几千年来总结出的一个深刻的教训，但这一教训背后所酿的悲剧依然在不断演绎着。原因在于，没吃过这方面亏的人都自以为是地认为：“不就是说几句话嘛，没凭没据的，谁会当真?”或：“他（她）可是我最好的朋友，他（她）不会告诉别人的。”就是这样的心理，才使许多人口无遮拦，心无戒备，直至麻烦临头才醒悟过来。

人是有感情的动物，传递语言的工具就是与人交流。在不同的场合，人们对他人的话语会有不同的感受、理解，并表现出不同的心理承受能力。正因为受特定场合的制约，有些话在特定的环境中说比较好，换了另外一种场合说未必佳。同样一句话，在这里说和在那里说就不一样。总之，说话一定要顾及谈话的环境和谈话的对象，切不可“口无遮拦，无拘无束，大放厥词”。

金玲玲是某地产公司的一名职员，也是一个聪明伶俐的女孩子。她的主意比较多，脑子转得快，言辞也很犀利，自认为有幽默细胞，常常会不分场合地跟领导开一些玩笑。她一直不清楚，自己能力卓越，为什么就是得不到领导的青睐。

的确，金玲玲是一个工作相当努力的人。有些时候，为了赶时间，她大早上就出去发单。但当她狼狈地回到公司时，领导不但不体谅她，反而会不分青红皂白地斥责金玲玲迟到。金玲玲感到特别气愤和委屈，就向公司里有经验的前辈请教。前辈就问她：“你平常是不是会在言辞上对领导有所不敬?”

这么一问，金玲玲才恍然大悟。她平时就喜欢跟别人斗嘴，后来看到领导脾气很好，对公司的员工总是笑眯眯的，胆子一大，就开始对领导没大没小起来。有一次，领导穿了一身新衣服来上班，灰西装、灰裤子、灰衬衣、灰领带。金玲玲看见了，夸张地大嚷："头头，今天穿新衣服啦!"领导听了，抿嘴一笑，还没来得及高兴，金玲玲又接着说了一句让领导脸色立刻沉下来的话："就跟灰耗子似的。"

还有一次，客户到公司来找领导签字，连连夸领导："您的签名可真是气派啊。"这个时候，金玲玲正好走进办公室，听见之后哈哈大笑："能不气派吗？我们领导都练了好几个月了。"金玲玲这句话刚说完，领导和客户的脸瞬间就僵了，尴尬的气氛化都化不开。除了对领导没大没小，说话没有顾忌，金玲玲与同事的相处也很随便。但凡看着哪个同事好商量，就会对着别人指东喝西，吆喝别人给自己做事。在称呼上也是张口就来，在叫比自己资深的前辈的时候，还一概在对方的姓氏前边加个"小"字，也不考虑这样是否尊重。外加撒娇耍赖，越发让人生厌。

有些时候，适当地开些玩笑的确是可以拉近跟领导之间的距离，缓和相互之间的关系。但是，如果跟领导口无遮拦，"直抒胸臆"，不分场合地用玩笑语言调侃领导，就有故意的嫌疑了，就是黑色玩笑了。黑色玩笑对人际关系有着相当程度的破坏力，金玲玲对此却没有任何感觉。

说话是一门高深的学问，也会暴露一个人自身的弱点。有些人在面对一个人或一件事的时候，会不自觉地从中挑毛病，并且通过语言表达出来。虽然直率单纯，却常常会伤害到别人。这是一种很糟糕的职场习惯。在职场上，不受人待见的人往往有着"说话太直"的"毛病"。他们不自觉地热衷于挑刺，被认为是"没有口德"的人，很容易引起别人的反感。顶撞领导，羞辱同事，自以为直率，实则不尊重别人。

生活中，还有这样一些人，他们喜欢当众谈及别人的过错和搬弄是非。不分场合，不讲对象，只图一时过了嘴瘾，往往使自己陷入非常尴尬的境地。

在一次宴会上，李刚在酒桌上向邻座的一位太太讲起本市师范学校校长的秘闻来，同时表现出对校长卑鄙行为的极大不满，并义愤填膺地说了一堆人身攻击的话。

当他讲话的时候，邻座的太太一直没有吱声，其他客人也用一种怪怪的眼神看着，没有人附和。直到后来，大家忙着去其他桌上敬酒，只剩他和那位太太时，那位太太问他说："先生，你认识我是谁吗？"

"还没有请教贵姓。"他回答说。

"我正是你说的那位校长的妻子。"

这位先生立时窘住了，场面非常尴尬。

这位太太很有教养，没有当面指责他，但李刚的口无遮拦给别人留下了非常坏的印象。

这些事例告诉我们，说话形式的选择要与场合相适应，要注意说话的分寸。没有考虑周到的话，最好少说。说话注意分寸，要做到慎言、忌口。同时，还要注意说话的场合、地点和说话的对象，不要不管三七二十一，乱说一通。要注意说话的内容和方式，做到该说的说，不该说的一个字也不说。口无遮拦，其结果很可能就是"言多必失"。也就是说，如果一个人总是滔滔不绝地讲话，说得多了，话里就自然而然地暴露出许多问题。

口无遮拦，会导致"祸从口出"。特别是人多的场合，你一不小心，一旦失言，你的话就可能中伤或伤害到某个人。其最终结果：显示自己的无知、浅薄、卑小、狭隘、虚伪，招人反感甚至厌恶，也可能给自己招惹祸端。在事业成功的过程中，一言一行都关系着个人的成败荣辱。所以，言行不可不慎。

尴尬话要这样说

曾经看到一个笑话，讲的是一对夫妻带了一个四岁的小男孩乘公交车。小孩特爱说话，从上车开始就一直说个不停。那天，车上的乘客并不多，大家都有座位。他就问：“为什么今天没坐满？是这个师傅不会开车吗?”一旁坐着的妈妈赶紧批评他：“再乱说，司机师傅就让你下车了。”他说：“那师傅也会让你下车吗?”然后，他妈妈不知道小声跟他说了什么，他一下很大声地说：“师傅跟我跟爸爸一样都有小弟弟，是男子汉!”车上的人都看不过去了。这时，妈妈的脸都红透了。

童言无忌，这个小孩子只不过还不懂事而已！但是，这个小故事也说明，在现实生活中，有很多令人尴尬的话是不能直接说出来的，至少是要有技巧地说出来。尴尬的话不一定清清楚楚地说出口，但一味地逃避也不是办法。这就必须讲究说话的技巧，迂回地说出，让尴尬的话题不再尴尬。下面，就介绍几种尴尬话题的交谈方法：

第一，己话他说。己话他说就是人为地拉开话题与现场之间的距离，给双方留下一个缓冲带。“西安事变”前夕，张学良和杨虎城就频繁晤面，都有心对蒋发难。可对于这样一个关系到身家性命和国家前途的大事，在对方亮明态度之前，谁也不敢轻易开口。眼看时间越来越近，双方都是欲说还休。杨虎城手下有个有名的共产党员叫王炳南，张学良也认识。在又一次的晤面中，杨虎城便向他投石问路，说道：“王炳南是个激进分子，他主张扣留蒋介石!”张学良及时接口道：“我看这也不失为一个办法。”于是，两位聪明的将军开始商谈行动计划。当时，张学良的实力比杨虎城大得多，又是蒋的拜把兄弟。杨虎城如果直接把自己的观点摆在张的面前，而张又不赞同，后果实在堪忧。于是，便借了并不在场的第三者之口传出心声，即使不成也可全身而退，另谋他策。

第二，明话暗说。渡江战役前夕，国共和谈破裂，国民党政府即将垮台。周恩来力劝国民党和谈代表留在北平共事，不要回去做蒋家王朝的殉葬品。代表们也对原政府失去了信任，却又不知毛泽东能不能容忍他们这些异党分子，就想探个究竟，也好为自己求得一条退路。可如果直接问，就明显有乞降之嫌，大家都磨不开面子。有一个成员在打麻将的时候，轻描淡写地问毛泽东："是清一色好，还是平和好？"毛泽东心领神会，爽快答道："还是平和好，喜欢打平和。"就这样，一个重大的信息悄然传了过去，代表们全留了下来。问者固然高明，回答者也是不凡。如果毛泽东再把暗话挑明，拍胸脯担保众人平安无事，一则显得深度不够，二则双方之尴尬仍在所难免。

第三，实话虚说。做老实人、说老实话，应是为人的一条准则。但"直炮筒子"未必处处受欢迎，特别有时连自己也不明白要说的是不是实话，那该怎么办呢？李某刚刚托好友张局长为自己办件事，忽然听说他"进去了"的传闻，又不知真假时，就到张家探望，确实只有局长夫人在家，满脸愁容。李某开口道："老张到底是怎么回事？"果然，张夫人长叹一声："唉！胃病又犯了，昨天送医院了……"原来如此。如果李某实话询问张局长是否真的被捕了，那场面如何？李某是这样设想的：如果张局长真的被捕了，那人家自然会实情相告；如果张局长一切平安，她会莫名其妙地反问："怎么回事？"他则可转而掩饰："听说他想调动？干得好好的，又何必……"虚虚实实，转换自如，毫不唐突。

第四，庄话谐说。轻松幽默的话题往往能使人愉悦，庄重严肃的话题会使人紧张慎重。要有可能，最好能把庄重严肃的话题用轻松幽默的形式说出来，这样对方可能更容易接受。现如今，谁都希望自己高工资、高职务。可如果向老板公开提出加薪或升职要求，是不是有点太尴尬？有个年轻的打工者成功地克服了这一点，为我们做了示范。他在一家外资企业打工，在较短的时间内，连续两次提出合理化建议，使生产成本分别下降30%和20%。“大鼻子”老板非常高兴，对他说：“小伙子，好好干，我不会亏待你的。”这青年当然知道这句话可能意义很大，也可能不值一文。他想要点实在的，便轻松一笑，说：“我想你会把这句话放到我的薪水袋里。”“大鼻子”老板会心一笑，爽快应道：“会的，一定会的。”不久，他就获得一个大红包和加薪奖励。

面对老板的加薪鼓励，青年人如果不是这样俏皮，而是认真严肃地提出加薪的要求，并摆出若干条理由，岂不大煞风景，甚至可能适得其反。

有些忌讳不能碰

人生道路上，有了朋友的帮助和安慰，会使我们的生活更加顺利，会让我们体会友情的珍贵，朋友间要学会真心相处，这样才会让自己的人生充满着乐趣。对待朋友要时时对自己的现状心存感激，同时，也要对别人为你所做的一切怀有敬意和感激之情，及时地回报别人的善意且不嫉妒他人的成功，不仅会赢得必要而有力的支持，而且还可以避免陷入不必要的麻烦。你怎样对待别人，别人就会怎样对待你。行为孕育行为，你对我友善，我对你也友善。如果你不友好，我也不可能友好地对待你。这就是心理学的互惠关系定律。

人的一生中，你会遇到很多不同的人，有些就会变成你的好朋友、好兄弟，另一些却变成了陌生人甚至敌人。重要的是，你有没有想过，是什么原因造成了这一结果？其实，生活里一些小小的禁忌，足以改变你和朋友的关系。或许，你认为那是微不足道的。然而，正是这些微不足道的小事为你们的友情决裂埋下了祸根。以下十点是生活容易出现的禁忌，你可以结合自己的实际，加以选择性的借鉴，呵护自己难得的友情：

第一，不要认为朋友的东西就是我的，我的东西是你的！其实，朋友的东西还是分清楚为好，不然到最后，东西坏了，要让对方赔，又觉得不好意思。所以，自认倒霉，但却因此在心中自然形成一种排斥。

第二，不要认为跟朋友好，就有人为你打车或请客。作为好朋友，如果偶尔一两次或许受得了，时间一久了，换成谁都受不了。所以，在玩之前，最好先讲好，油钱大家分摊，花费大家先缴钱玩后再清点退还。这样做，不仅大家玩得快乐，也可以增进朋友间的友谊。

第三，不要认为跟朋友熟到那种连他们的厨房、卧室都可以自由出入。其实，越是好的朋友，越是要彼此尊重，因为毕竟不是自己的家，你凭什么自由进出别人的地盘？那种行为只会让人觉得你不尊重对方，否则的话，尽可能避免。别以为那没什么，对方也许早在心里对你产生反感了。

第四，不要认为跟朋友感情很好，一切都可以比较随便。就算去到对方家，不用去在乎那些礼节。越是好的朋友，礼节越是不能少。今天去拜访他家，绝对不可两手空空！一定要带点礼物，哪怕是一袋水果。所谓“礼轻情意重”，又所谓“礼多人不怪”，就是这种道理。所以，千万别不带“小礼物”。

第五，不要认为跟朋友可以形影不离。偶尔给对方一点空间，让彼此有一个自由的空间，彼此的视野会更开阔！

第六，不要认为跟朋友是那种有难就可以离家出走逃到他家。或许他可以帮你一阵子，但他没必要负责起你本该承担的责任。时间长了，他还会在心中产生一种厌恶感！所以，越是好的朋友，你越要学会去体会他的心情及他的难处！自己的难处自己担，千万不要去长久麻烦别人！人家说“久病无孝子”，其实也可以改成“久烦无知己”。

第七，不要认为跟朋友常常可以腻在一起，就觉得彼此感情很好。越是好的朋友，在一起固然会让你忘记烦恼。但别忘了，还是要常常充实自己，让自己给对方的感觉永远是那种“新鲜”的。否则，就像叫你天天都吃一样的菜，你不会吃到想吐吗？充实自己，是吸引朋友最大的主因。

第八，不要认为跟朋友天天都可以聊很久很久，不见面就觉得难受。真正的朋友是在你特别的节日或生日时，都会打通电话问候你的人，不会因为不常联络就忘记你的存在！朋友不会因为时间的距离而有所改变！

第九，不要认为跟朋友是那种可以全权都托付他的人，就希望他能帮你决定自己的事。如果你常给对方这种期许，那只会让对方有成就感一阵子，久了受不了。因为他在替你下决定时，他要承担那决定后的后果，那种压力其实比自己替自己下决定来得更大！所以，好朋友是在你自己下完决定后，或在下决定时，从旁边给你建议的，而不是去决定你该怎么做的！

第十，不要认为朋友间遇到缺钱时就会自动帮助你。人家亲兄弟都要明算账的，何况你是个外人。所以，更要清清楚楚地算，欠人的就该快还，别以为没什么借据就可以慢慢拖。想想看，对方是因为相信你才会借你的！难道你要自己破坏信用吗？在现实中，其实讲到钱就会伤感情，这是不可否认的！所以，越是好的朋友，钱越要弄清楚。这是朋友间最大的禁忌。

做到了以上十点，相信你一定能找到最知心的朋友。我们每个人都离不开朋友，朋友可能是永远的知己，也可能会反目成仇。我们应从小事做起，越是看起来不重要的小细节，越是会影响朋友间的友情，好好看看自己哪方面没做到！别因为这一些小地方，而损失了一个好朋友！朋友在你的人生中是一种事业，需要你用心去经营！

第二篇

感情上不许太随意

男人的隐私，女人的心结

“夫妻间是否应该有隐私？我的看法是：应该有，应该尊重对方的隐私权；不应该有，不应该有太多事实上的隐私。隐私有一个特别的性格：它愿意向尊重它的人公开。在充满信任氛围的好的婚姻中，正因为夫妻间都尊重对方的隐私权，事实上的隐私往往最少。也许有人会问：信任和宽容会不会助长人性弱点的恶性发展，乃至毁坏爱的基础？我的回答是：凡是会被信任和宽容毁坏的，猜疑和苛求也绝对挽救不了，那就让该毁掉的毁掉吧。说到底，会被信任和宽容毁坏的爱情本来就是脆弱的。相反，猜疑和苛求却可能毁坏最坚固的爱情。我们冒前一种险，却避免了后一种更坏的前途，毕竟是值得的。”

以上是当代哲学家周国平对夫妻隐私问题的一段阐述。

隐私是尘封在情感深处的一本私人存折，是现代人发明的一项人权专利。隐私不能张扬，也不容侵犯。说起隐私，自然想到女人，女人的贞操、情感、伤与痛、爱与恨等，但人们极少把隐私与男人联系起来。其实，男人身心也有许多秘而不宣的事，往往隐藏在他们坚毅、果敢、刚强的外表之下。男人除了与女人共有的情爱之类的隐私之外，还有私房钱、自己的某些疾病和痛苦等隐私，而男人独自的隐私却反映在他们对事业的焦虑、对自己依赖情绪的隐瞒、对异性存有渴望的不安和对自身生存本领贫弱恐惧之上。很多男性都把事业和工作上的成就作为评价个人形象的标准，在妻子或女友面前，男人总是信心十足，自我夸耀，而私下里，却为自己真实的底细而忧虑。

男人时常感到自己受着威胁、面临某种危机，在婚恋中某些不如女性能力的方面，装出一副深沉的模样，以沉默寡言掩盖自己，内心却涌出无尽的酸楚。其实，男人依赖女人的本性极强，但他们不会轻易向女人求助和求饶。此时，男人冷漠的面孔里隐含着一种气急败坏与无奈。有的男子自身条件不好，得不到美满的爱情，却又成天陷入痴想，他多么希望自己所倾慕的女孩能眷顾于他。当然，他自己最清楚这是非分之想，是不可能让他以外的人知道的。尤其不可让他痴恋的女孩觉察出丝毫痕迹，否则自己将无地自容。男人有痛不会呻吟，男人有苦不会倾诉，男人有“短”不会泄露。男人“锁”在灵魂寓所里的那些秘密，便是男人的隐私。

男人的隐私比女人埋得更深。男人在家庭中是父亲、丈夫、儿子，是孩子、妻子和老人心中的一块竖立的碑、一棵挺拔的树。男人用坚定的双臂和厚实的胸膛为家撑起一方蓝天，树起一个高大的自我。男人决不会在家人面前显出软弱和混乱，不可能在家人面前暴露弱点、丢失形象，否则，这块碑必将坍塌、这棵树必将折断。男人是铁打的汉，有铜铸的理智，固若金汤的意志，不像女人一束鲜花、几句软语便可决堤。即使酒后失言，也不会把自己最后的秘密吐露出去。男人的隐私比女人更沉重。每个男人都尽力展示一种男子汉气概，这种展示越强，他内心情感脆弱的一面就反应得越烈。这种矛盾使男人的情绪外强内弱，每当他闭门独处时，心里便惶恐。男人的无力和柔弱是关闭着的，女人蒙在鼓里，无从知晓。男人的隐私是一块心病、一处伤疤、一片雷区。作为女人，一定要谨慎处之。

女人会流泪，男人会受伤。爱的隐私是人生岁月的潜流，是一坛不能启封的酒。好男人一般不会与昨天计较，他们注重未来，对不堪回首的往事，何必回眸呢？隐私在很大程度上不是自己人为所致，而是来源于外因。某些隐私是先天形成，与生俱来，无法抗拒，它将伴随人的一生；某些隐私却也是一种甘甜，一次青春的走私，只能独自咀嚼；某些隐私可能是曾经的过错，把这种错永恒地留守在心底，却也美丽。

有人说：“如今的男人为事业、钱财，为人际关系而快节奏地奔波，心理压力越来越大，感到‘活着太累’。”其实，这个“累”多半是受“隐私”所累。有的女人劝男人“说出来就好受一些”。可隐私是受法律保护的，愿不愿说出来是男人自己的事，女人又何必对自己的男人了解得那么一览无余。不过，少一点私心杂念，负重的男人就能活得自然、洒脱、轻松一些，无“私”也就不必要“隐”，心里也就不会觉得累了。不管怎么说，作为妻子，要尊重丈夫的隐私，更有责任去解脱其沉重的隐私负重，使其轻松起来，这样他会更加依赖你。

当代社会不断发展，人们的社交圈在不断扩大，观念不断改变，要求夫妻既有共同的天地，也要有个人的空间。也就是说，夫妻间是有隐私权的。隐私权是婚姻关系中一种更高层次上的相互尊重、相互信任、相互忠诚，是个人在婚姻关系中应拥有的与义务相对等的权利。这些权利包括支配自己一部分经济收入的权利、个人参与有关社交活动的权利、处理个人日记及私人信件的权利、保留自己一些秘密的权利。

为自己保留点神秘感

不管是男人还是女人，绝大多数人天生具有越是得不到就越想得到的占有心理，而对能够轻易得到的东西往往又不知道珍惜，甚至于毫不在乎。从恋爱的角度看，许多婚前同居的恋爱男女，要不就是奉子成婚，要不就是劳燕分飞，不会再有很强烈的冲动感。

虽然恋爱期间和结婚之前应该对对方有比较客观全面的了解，但是，两性之间是需要适当保持神秘感的。如果对异性了解得过于透彻，甚至是一些需要婚后了解的也提前了解了，使彼此之间的神秘感消失，对爱情来讲并不是什么好事。每一个恋爱中的男女都应该保持自己的隐秘部分，不应该过早地向对方展示自己不为他人所知的神秘天地。热恋中两人的心灵可以靠近而肉体应该刻意保持适当距离，只有这样，恋人之间才会保持最大限度的新鲜感与吸引力。

当然，恋爱中要让对方始终感受到自己的神秘感并不是一件容易的事，需要不断地克制自己的原始冲动，也需要适时地冷却对方的原始本能。同时，还需要不断地用知识和智慧来充实自己。社会上许多长相漂亮而缺乏丰富内涵的女人，往往可以取悦对方一时却无法最终得到婚姻。原因就是相处久了，让对方看穿了自己思想缺乏深度的浅薄，失去了神秘感也就失去了吸引力。结婚后，夫妻天天生活在一起，每天重复着锅碗瓢盆油盐酱醋生活曲。久而久之，双方都感觉乏味，为一些生活小事难免会发生争吵。同时，两个人慢慢地由熟悉而生厌倦。罗曼·罗兰说：“一朝别离，爱人身上的魔力更加强了。”当然，这种别离一定是短暂的，过长时间的分离会冲淡夫妻感情。

爱情虽有激亢、高涨的时刻，也有冷静、安歇的时候。爱情也需要休息，而这个休息调整是为了下一个高潮的来临。苏联心理学家扎采宾等人在一项研究中发现，在有感情基础的夫妻之间，会发生周期性的“爱情休眠期”。经过一段时间的热烈甜蜜的相处后，夫妻双方会产生厌倦、冷漠甚至敌意的情绪。这时，最好的办法是无为，不要质问、埋怨、猜疑或指责对方，给对方一个独立的时间、空间使其自身调整。经过休眠期后，夫妻感情自然会进入下一个甜蜜时期。美国学者尼娜·欧尼尔和乔治·欧尼尔夫妇合著了一本书，名为《开放的婚姻》。他们在书中告诉大家：“在婚姻生活里，每个人都需要有一些空间，不只是物理的空间——像有一个小房间，可以把自己关在里头；还有心理的空间，心理的空间可以假想为一个人心理上的小房间。没有这个空间，人不可能成长。如果没有成长，即使感情最好的夫妇最后也会彼此厌倦。”

恋爱中的男女，双方都想知道关于对方更多的事情。尽管这是理所当然的愿望，却也会造成不利局面。对方一旦了解你的全部事情，对你的兴趣也会随之急速冷却。因此，要使每次约会都有新鲜感并使他对你持续抱有兴趣，一定要在恋爱期间保有一点神秘感，让你们之间不断地保持着一种神秘的吸引力。

第一，不要说太多关于自己的事情。如果从自己出生开始到现在的一切，你都对他说得一清二楚，那你对他就根本没有神秘感可言。因此，若提到自己的事，也要坚持不说某一时期或某些话题，演出一段空白的岁月。例如，故意不说有关姐妹的事情。当对方追问你是否有姐妹时，你可以故作惊讶地回答说：“我没有说过吗?”

第二，绝对不让他送到你家门口。男女约会后，通常男方会送女孩回家。这时候，你可以特别指定只让他送你到车站或巷口，且绝对不跟对方说明理由。这种做法也能造成神秘感。在经过一段时间后，你可以找一个借口向他做解释，说在家附近怕被人说闲话。

第三，编造几件讨厌做的事。要是你有某个特别的癖好，如绝对不去某个公园，绝对不逛某条热闹的街道，并不作解释，也会让对方觉得你神秘，搞不清楚你是怎么回事。这种特别的癖好当然可以编造，只要不伤大雅即可，事后稍作解释就行了。

第四，总是在某个时间道别。总是在同一个场所、同一时间跟对方说再见，也能造成神秘感。比如，晚上约会时，无论你们两人玩得多么开心，只要一到晚上九点，你就说该回家了。如此连续不断，对方也会莫名其妙，感到不可思议。

第五，制造常常偶然相遇的假象。美国电影《超人》中的超人，平常不会显出超人的身份，却总是会在他暗恋的女子面前突然变成超人。一般人要突然改变身份出现在恋人面前固然做不到，不过如果可以突然出现在他的面前，那也算是神秘的一种了。在他下班回家时假装突然遇见，给对方“常常偶然遇到”的假象。若能由此让对方觉得你与他之间似乎有着姻缘红线，必将水到渠成了。

告别女性，品味女人

“温柔”是专门用来形容女人的词，但现实社会中，这一情况正在悄悄发生改变。一位美籍华人学者来中国讲学，有位记者让他谈谈对当下中国女性的印象。他说：“我发现国内青年女性，有的认为越泼辣越好，有的粗野蛮横，没有女人味了。女人味就是温柔、善良、体贴……”

女人之美，美就美在似水柔情。女人的似水柔情，正在于温柔。女人的似水柔情对男人来说，是一种迷人的美，也是可以被其征服的力量。这种温柔，来自女人性格的修养。女人的温柔，是柔中有刚，柔韧有度，所以才柔媚可人。柔情似水，是女人诱人的魅力，是一种征服男人的巨大力量。

造物者用了最和谐的美学原则来创造人类，它赋予了男性阳刚之美，又赋予了女性阴柔之美。正因为两性之间各有其独特形态而形成鲜明对比，才使男女对立统一地组成了人类绝妙完美的世界。阴柔之美是女性美的最基本特征，其核心是温柔，温柔像春风细雨，像娇鸟啼柳，像舒卷的云，像皎洁的月，更像荡漾的水。女性之美，美就美在“似水柔情”。用“水”字来形容女性的柔美，真是一语道破了其中妙韵。《红楼梦》中的贾宝玉说过：“女儿是水做的骨肉。”所以，人见了便觉得清爽。他把大观园里的姊妹丫鬟们都看得像清澈的水一样照人心目，一个个都显得高洁纯真、温柔妖嫩。在他的面前，这些女儿展现了一个有如水晶一般明净的世界。女作家梅苑在《美人如水》一文中说，女人有点似水柔情，才有女人味道。真是高论妙极。

可见，女性的诱人之处，正在于有似水的柔情，正在于温柔。世上绝不会有哪个男人真正喜欢女人的蛮、野、泼、悍、粗、俗。女性的似水柔情，对男性来说则是一种迷人的美，也是一种可以被其征服的力量。一位诗人说："女性向男性进攻，'温柔'常常是最有效的常规武器。"女人的温柔应表现在：善解人意，宽容忍让，谦和恭敬，温文尔雅。既有纤细、温顺、含蓄等方面的表现，也有缠绵、深沉、纯情、热烈等方面的流露。有的女人无限温存，像鹿一般温柔；有的女人像一道淙淙的流泉，充满着柔情……总之，女人的柔情各式各样，都像绚烂的鲜花，沁人心脾，醉人心肺。

女性的温柔是一尊美丽的雕塑，它是由自信、幽默、宽容、丰厚一点点地雕琢而成的；女性的温柔像一块晶莹剔透的宝石，闪烁出耀眼的光芒，这灿烂的光芒照亮了整个世界。女性因为温柔而变得可爱，生活中因为有温柔女性而变得绚丽多彩。这个世界之所以如此美好，就是因为有温柔女性来做点缀。作为女人，你可以不漂亮，可以不再年轻，但必须拥有如水的温柔。因为温柔能使你魅力四射，温柔能使你拥有成功的事业。更重要的是，温柔可以让你享受到人生所有的幸福，更成为爱人一生的女神。

一位具有优雅风度的女人，必然富于迷人的持久的魅力。聪明的女性不是不要镜子，而是能够从镜子里走出来，不为世俗偏见所束缚，不盲目描摹别人的所谓风度之美。优雅的风度像有形而又无形的精灵，紧紧攫住人们的感官，悄悄潜入人们的心灵，从而使人留下难以磨灭的印象。具有某种魅力的女性不一定具有风度的魅力，风度是一个人的文化教育、审美观念和精神世界凝成的晶体，所以它折射的光辉也最富于理性，最富于感染性。一个女人可以有华服装扮的魅力，可以有姿容美丽的魅力，也可以有仪态万方的魅力，却不一定有优雅的风度。但是，一位具有优雅风度的女人，必然富于迷人的持久的魅力。

聪明的女人懂得风度神韵之美靠的是"充内"，即朴质的心灵；"形外"，即真挚的表现。前者形诸于风度之美，使人举止大方；后者形诸于风度之美，使人坦诚率直，不事造作。朴质是一种自我认识、自我评价的客观态度，朴质的女性总是善于恰如其分地选择表达自身风情韵致的外化形态，使人产生可信的感受。她们就是她们自己，她们不试图借助他人的影子来炫耀自己、美化自己。所以，她们的风度之美往往具有一种朴质之美。

真挚是一种诚实、真实、踏实的生活态度。她们对人对事不虚伪、不狡诈，又肯于给人以诚信。真挚的女性对自己的风度之美既不掩饰也不虚饰，对他人美的风度既不嫉妒也不贬斥，而是泰然处之，使人感受到一种真正的潇洒之美。

温柔来自女人性格的修养。聪明的女人懂得在自己的日常生活中，加强性格上的涵养，培养女性的柔情。为此，女人特别要忌怒、忌狂，讲究语言美，把那些影响柔情发挥的不良性情彻底克服掉，让温柔的鲜花为女人的魅力而怒放。但女人的温柔不是柔弱、柔软、柔顺，不是丧失了自己独立的人格和独立的个性，这绝非女人之美德。女人之温柔，是柔中有刚、柔韧有度，所以才柔媚可人。柔情似水，是女性诱人的魅力，是一种征服他人的巨大力量。

遭遇出轨，冷静很重要

“出轨”和“外遇”是近年来见得比较多的词，也是有些人的真实经历或亲身遭遇。这两个词说的是一回事儿。如果婚姻中的一方在生活里另有“新欢”，无论是男是女，都会给对方造成很大的伤害，给婚姻家庭带来不和谐。谁的心灵能够经得起这样的蹂躏呢？

夫妻一方一旦有了出轨或外遇，就让人为婚姻的事情伤透了心。许多夫妻闻听配偶有了外遇，都会有强烈的情绪反应。开始采取的方法也很多，打骂过、跟踪过、调查过，但一般还是没有勇气挑明。内心痛苦到了极点，真是不知道该怎么办。为家庭、为孩子、为自己考虑的也是很多。男人为什么会出轨？其实，男人并不是天性不忠的动物，男人的出轨，用美国著名杂志《柯梦波丹》的两位资深的文字编辑黛安·芭柔妮和贝蒂·凯丽的话说：“实在有太多的难言之隐!”为此，她们在其合著的《把你爱的男人找回来》一书中，从很多方面详尽分析了男人感情出轨的原因。首先，不是所有的男人都会出轨，这是毋庸置疑的。其次，出轨也不是男人的专利，红杏出墙也为数不少。出轨也分情况，有意识的和无意识的，身体的和精神的。其实，男人出轨的原因有很多，情况也较为复杂。大多数出轨都会发生婚外性行为。而性行为本身是人和动物的 ·种本能。因此，出轨并非男人的专利。当今社会，出轨的现象很多。也就是说，不单是男人会出轨，女人同样也会出轨。出轨不分男女，所以不要过分追究“已婚”和“性别”。已婚男人找外遇，究竟是因何原因？笔者认为有四：一是为寻求刺激；二是空虚；三是找人代替；

四是产生了感情。

不论是谁，遇到出轨都是一件挺窝火的事。人有时看上去似乎很坚强，其实内心对家、对丈夫或对妻子，是有很强的依赖性的。这个曾经给他或她温馨的港湾，怎么会掀起风浪呢？几乎所有的人，开始都是不相信，或猜疑到最后在事实面前才确信。在这个过程中，你的感情伴随着内心的痛苦、行为的愤怒以及对他或她的迁怒。情急之下，还可能做出不冷静的事情来。这个时候，人是很难静下心来的。这是一种心理的煎熬，你对他或她的言行已经不再相信，所有的错误都归罪于对方。这时，你认为自己有充分的权利斥责怒骂对方，报复伤害对方，甚至可以撵对方出去。你要全力保卫自己已经受伤的心，做出战斗的姿态。这时，婚姻就像一场战役，家庭就像一个战场。

在这样千钧一发的时刻，以上的举动显然是比较盲目的。一个聪明的妻子应该做出更为理性的选择。首先，她会冷静。作为妻子，要冷静下来。难以接受的事实摆在面前，痛苦、绝望是必然的，但冷静是最强大的武器。丈夫的错是严重的，这毫无疑问。既然理在己方，且你又不想得到家庭分裂的结果，就不要采取经典的一哭二闹三上吊的做法。分居独处，压下心火，让你的各项生理指标趋于正常，才能让你正确合理地进行下一步思考，并做出正确的判断和选择。其次是思考。这是最关键的步骤之一。做妻子的要思考的重要问题就是：是什么原因导致丈夫出轨？最好从自身出发思考，便于对症下药，拿出自己合理的挽救措施。

还要认真考虑有外遇一方婚外情的程度，看到底是异性朋友之间的友谊还是一种恋情。还要想想自身和配偶相亲相爱的经历，看两人的情爱究竟有多大的分量，看你们的性爱在内心里有多深。看什么能够代表你的心，就像比武一样，找出他的软肋和薄弱点。

经过这样的考虑，再做出自己的选择和最终的决定。如果你是积极的心态，那你就抓紧时间，抓住机遇，赶快表明自己仍然爱他和需要他。告诉他，在你的生活里包括自尊都没有婚姻重要，也不可能和家庭与孩子的重要性相比。再次给他一个机会，让他回心转意改变自己。尽快消除误会与隔膜，用你理性的火焰点燃爱的火炬，使夫妻言归于好，重新拥抱相聚。

如果你是消极的心态，你不妨寄希望于他。希望什么呢？希望他向你道歉并忏悔，求得你的宽容与谅解。但是，你必须要等待，并不时地安慰自己，用想象的未来的美好给自己壮胆鼓劲儿。也可以说些“看你后悔不”这样的话，鼓励自己。但是，这样也可能使你感到生活的艰难，生命似乎失去了意义。

还有一种心理对双方都是一个巨大的伤害，那就是认为配偶属于个人所有，你即使得不到他的心，也决不愿意让他幸福。这样的态度会使你们两败俱伤。还有一个很大的坏处，那就是对孩子的影响。夫妻作为孩子的父母，是孩子心目中的偶像。孩子总是用崇拜的眼光看着你。当这个偶像打碎了之后，给孩子心灵造成的痛苦是很难忘记的。那些缠绕的噩梦，在孩子长大之后都是心理的阴影。

认真对待每一种缘分

人们都说："有缘千里来相会，无缘对面不相识。"在一起是缘分，相遇是缘分。著名女作家张爱玲说："于千百人中，遇到你所要遇到的人，于千百年中，在时间的无垠的荒野中，有两个人，没有早一步，也没有晚一步，就这样相逢了，也没有什么可说的，只有轻轻地道一声：哦，你也在这里吗?"这就是缘分，是相逢的缘！而诗人徐志摩却告诉世人，苦苦追寻的缘，是不可强求的，是双溪上的小舟载不动的，是无法带上前路的。所以，他在文章中写道："在茫茫人海中，我欲寻一知己，可遇而不可求的，得之，我幸；不得之，我命。"这种大气、这种缘分令人叹服！

在爱情里，如果你不爱一个人，请放手，好让别人有机会去爱。如果你爱的人放弃了你，请放开自己，好让自己有机会爱别人。有的东西，你再喜欢也不会属于你；有的东西，你再留恋也注定要放弃。人生中有许多种爱，但别让爱成为一种伤害。有些缘分是注定要失去的，有些缘分是永远都不会有好结果的。爱一个人不一定要拥有，但拥有一个人就一定要好好地去爱。

有这样一个小故事：从前有个书生，和未婚妻约好在某年某月某日结婚。到了那一天，未婚妻却嫁给了别人。书生受此打击，一病不起。家人用尽各种办法都无能为力，眼看书生奄奄一息。这时，路过一游方僧人，得知情况，决定点化一下他。僧人来到他床前，从怀里摸出一面镜子叫书生看。书生看到茫茫大海，一名遇害的女子躺在海滩上。这时，走过来一个人，看一眼，摇摇头，走了……又走过来一个人，将自己的衣服脱下，给女士盖上，走了……又走过来一个人，过去挖个坑，小心翼翼地把尸体掩埋了……疑惑间，画面切换，书生看到自己的未婚妻，洞房花烛，被她丈夫掀起盖头的瞬间……书生不明所以。

僧人解释道："那具海滩上的女尸，就是你未婚妻的前世。你是第二个路过的人，曾给过她一件衣服。她今生和你相恋，只为还你一个情。但是，她最终要报答一生一世的人，是最后那个把她掩埋的人，那人就是她现在的丈夫。"书生大悟，从床上坐起，病愈！

书生悟到了什么呢？"缘"始于真，"分"始于善。这个故事用意不是让我们迷信所谓的前世今生，而是让我们认真对待缘分。缘始于真是指偶然，当遇见他或她，我相信在相恋之初，大家都是出自一份真心，但最后有很多走向分手的结局。"分"始于善是指善待我们得之不易的"缘"，需要相互努力去经营，"分"就是善尽本分。

缘分很奇妙，它应该是调料，使生活更有味道。有很多时候，缘分就无声无息地开始、发生、结束。其实，人与人之间的缘分不会受地域、性别、年龄的影响。就像在网上，遇到一个一聊如故的人，彼此互不了解，就真的是跟着感觉走了，再就是凭一颗真诚相待的心。所以说，缘分既然产生了，就产生了，存在了，也就存在了，不要刻意回避。找找自己的缘分，为生活添些味道，为人生添些乐趣，也是一种享受。当你还拥有一份最纯净、最妙不可言的美好的缘分时，请一定好好珍惜！珍惜每一次相遇，珍惜遇见的每一位朋友，珍惜朋友间的每一句问候，珍惜每一次会心的微笑，珍惜甜蜜的，也珍惜痛苦的。珍惜自然，天空将永远纯净湛蓝；珍惜友情，人生之路会越走越宽；珍惜爱情，就有了幸福的源泉。昨天已过去，明天不一定相见，最应该珍惜的还是今天的缘。当然，若这缘分注定不属于自己，也不要强求，顺其自然最好，至少真心实意地相待过。

有些时候，我们把缘分看得太过简单。其实，缘分真的是一种很神秘、很深奥的东西。茫茫人海，有许多人，有许多路，而你和我偏偏就在这许多路中选择了唯一的那一条路，偏偏就在那许多人中认定彼此是相守终生的唯一的那一个人，这多么不容易呀，能不值得我们好好珍惜吗？

有些时候，我们又把幸福想得过于复杂。其实，幸福真的很简单。寂静的清晨，早早地起床为家人准备一顿简单的早餐，一碗热腾腾的豆浆，几个白白软软的馒头，一碟清脆爽口的咸菜，换来家人赞美的眼神和微笑，心底涌动的该是一种怎样的温柔啊。简单到没有任何装饰，却感觉到幸福的奢华。

在这错综复杂的人世间，人与人总会有着所谓命中注定的机缘。若真能遇见一份诚挚的缘分、一个真正的知己，一定要珍惜！

放手，因为爱她

一个人一生中会碰到很多很多的人，缘尽时，无须挽留，挽留住的只是无尽的惆怅；缘散时，无须伤感，伤感过后只是无边的寂寞。什么是天长地久？什么是地老天荒？缘分本只是生命中的偶然的一个过场。

很多时候，两个人的爱情并不一定会有结果，人生有太多无可奈何。明明知道两人之间有一道永远都无法逾越的障碍，比如生存的现实。要清楚，有些东西永远不属于你。缘起缘落，人生的驿站早已圈定。即使用五百次的回眸，也换不来再次的相逢。

人在某些时候，真的很无奈、很失落、很彷徨、很痛苦。爱情能够让人温暖，让人年轻，让人痴迷。爱情又能够让人凄凉，催生华发，失去自己。在意一个人好难，舍弃一个人更难。当爱变成一种痛的时候，放手已成为唯一的选择。即使离开，也感谢上苍给了我们认识的机会；即使变为陌生人，今生亦无怨无悔。这是因为，在你的世界里，我曾经来过；在我记忆的长河里，曾留下你的足迹。离开了就不要说再见，说再见也许是一生不见。

爱一个人不是勉强地拥有，有时候需要放开你的手，给她（他）自由的天空，让她（他）自由地去飞翔，去找寻她（他）自己应有的幸福。放弃一个很爱的人不是件容易的事，放弃是因为你爱她（他），想看见她（他）幸福。但当发现所爱的人和自己在一起不幸福时，就该选择给对方自由，那时候再勉强地在一起只会是伤害，不再有爱了！放弃有时候也是一种爱，能远远看着自己爱的人幸福，难道这不是爱吗？爱不拥有，但爱也不是绝对的放弃。爱的里面是没有欺骗，没有愧疚，更没有谁对不起谁。但你想过你追她（他）的时候所说的话吗？我一定会好好爱你，一定会让你幸福。有几个人做到了？说出的话你没有做到，那么，你要去实现你的诺言就是放手给她（他）

自由天空，让其没有愧疚、没有负担地飞走。这是爱，是爱的另一种。很多年以后，你们再见面的时候，你可以说我做到我给你的诺言了。

相逢是缘，我努力着去珍惜，竭力地想去改变你的心境，挽回临近边缘的友谊，但一切又是那么无力，只是加快了你离开的步伐。你没有说再见，也许你也知道，说再见也许是一生不见。我一直认为，世界上有一种爱存在：它基于友爱又别于情爱，也就是人们称道的知己，谁知真的是知己难求，到头来只能空落一身的疮痍，成不了爱人能做什么？什么都不是，只能成为陌路，挥手说再见，也许一生不见。

人生在世，最难的是“道别”。你我都遇到过许多不同的人，而终究都要说“再见”。尽可能把分别说成另一个见面的开始，也让别离变得轻盈起来。把那一瞬间的伤感化作一种再见的希冀。人生就是这样，相遇，别离，相遇，再别离……不属于自己的要懂得放弃，即使心痛得如被一把钝刀慢慢地切割。放弃是一种美丽，是一种释然。既然不能给予，就不要无端地索取。

人，都希望自己生活在爱的包围圈中，时时享受着爱的沐浴。如胶似膝、长相厮守是一种爱；天涯相隔、彼此牵挂是一种爱；你我深情、互相对视检验着爱的真伪；目送远去、心如刀割衡量着爱的厚薄；而放手也是一种爱，另类的爱，伟大无私的爱。放手，让其飞翔。爱不是禁锢，爱是给其自由。放手，让其远航。爱不是随我，爱是给其希望。学会放手，敢于放手的爱才是真正永恒。试想，放手需要多大的勇气与魄力？需要忍受多大的悲伤与无奈？

懂得放手的人，要不精神境界高至圣人，要不十分坚忍。自古成大事者无不学会了放弃，才收获更多。上苍之予人向来是公平的，剥夺你某些权限时同样会给你一定的补充，只要你做好准备去迎接，感情亦是如此。放手，我们不愿，但请做一回。天下无不散之筵席，终将离去、终将割舍，不要被动地认可、无奈地结束。放手吧，道一声珍重，珍重里有我无限的哀思，伴你走天涯海角，乃至另外一个世界，这就是永恒、就是不朽、就是真爱。对你爱的人说：请你先走，我来殿后。因为你走了，悲伤留给我，我一人独守，不愿你承担。我并不期望来生能与你重逢，不相信来生，但相信永恒，让放手后的你我定格成一幅画，画中倩影袅袅。只要爱的人幸福，你就幸福。

因为爱，所以选择放手。有些感情如此直接和残酷，容不下任何迂回曲折的温暖。带着温暖的心情离开，要比苍白的真相要好，纯粹的东西死得太快了。感情被懂得是一种幸福，等待着被懂得是一种孤独。放手，你飞翔，你远航，我祝福你比我好，你好了我才会更好。

结婚一定要找对人

相信不少人小时候都玩过一种叫“过家家”的游戏。这种游戏可以一个人玩，也可以几个人一起玩。一起玩时，有的当“爸爸”“妈妈”“弟弟”；有的“买菜”，有的“煮饭”，有的“抱娃娃”等；也有模拟种田等生产活动的，模仿大人过日子的场景。

若干年后，当自己真的成为游戏中的角色时，每个人感受到的生活并非想象中的那样简单，是社会现实改变了这一切。根据我国民政部门发布的《社会服务发展统计公报》数据显示，我国每年依法办理离婚手续的有 2874 万对，增长 7.3%。其中，民政部门登记离婚 2207 万对，法院办理离婚 667 万对。据了解，我国离婚人数已经连续九年递增。

现在的结婚与离婚，似乎都感受着一代代的责任感与道德问题的差距。所谓的人生观、价值观等，统统被所谓的“开放”所取代。人们在选择离婚的时候，大多是从个人的角度出发。但你想过没有，有些时候，一个决定有可能毁的不单是一个人，而是一个家，或更多的人。结婚不仅是为了所谓的传宗接代，也不是为了应付与解脱家人施加的压力，而是应该说，为什么需要结婚。结婚是为了更好地保障彼此的爱情，而不是因为一时的冲动，也不是只为了恋爱或证明爱而玩玩。现在，有很多人是因为年龄到了，需要结婚了，又或者是想完成人生中该完成并该拥有的过程，就是生宝宝做爸爸妈妈。现在，有很多闪婚的人，也有不少马拉松式结婚的人，还有因门当户对而在一起的。当然，离婚的也不在少数。特别是那些闪婚、闪离的，跟吃快餐一样，马马虎虎，不负责任。

结婚俗称“成家”，家是让人感觉放松的地方。但如果你没有做好长久地同另一半在一起过日子的准备，千万别结婚。因为婚后就要面对生活，柴、米、油、盐、酱、醋、茶，现在需要面对的问题估计更多了。这些生活中的琐事是不能避免的，家务谁做，水电如何省，财政谁管，种种烦琐之事，都要考虑进去。如果没有准备好一起生活，请不要说有多爱对方。爱会使一个人改变，学做菜不难，学家务也不难，问题是看有没有这份心。放在同一件事上，说得比做得好的人，比比皆是。

如果你结婚只是想要有人帮忙做家务，那么只要上电器市场上买个电器就好了。洗碗机、洗衣机、电熨斗……到处都有。如果你结婚只是要有个人帮忙处理家事，请找家政公司就可以了。结婚不是儿戏，是两个人准备放弃自己单独的自由生活，包容对方的缺点，能承担起对方下半辈子的生活（无论贫穷、疾病），相扶一起走过。请记住，婚姻不是一场游戏，不要忘记爱的誓言，一句“我爱你”不如一句“我愿意”。我愿意以我的生命来爱你，为了你，好好珍惜自己，才能继续爱你。我愿意以我的生命来起誓，无论是贫穷还是富裕，疾病还是健康，相爱相敬，我们都不离不弃，直到死亡把我们分离。

那么，在一个变幻莫测的社会里，应该怎样去选对自己的另一半呢？以下几点可以供大家借鉴：

第一，你和你的伴侣应该是合适的。何谓合适？你们志同道合，有同样的理想和追求。这样你们在以后的婚姻生活中，就能互相扶持、互相鼓励，共同渡过难关。如果你的另一半想以事业为重，趁年轻时多赚钱，而你迫切地想要个孩子，这就不太合适。而这样的问题在婚前就该协调好，提前讨论结婚蓝图非常有必要。

第二，问自己一个问题，这个人，我能坦诚相待吗？你可以在他（她）面前说心里话，并且把你的优缺点痛快淋漓地展示而不担心别的，那么恭喜你，你找到了真爱。如果你需要在那个人面前伪装自己，只敢表现最好的一面，那就太幼稚了。结婚后，你所有的坏习惯、偶尔的火暴脾气都会暴露。

与其到那时引发争吵，不如现在就事先说明。

第三，只与自己欣赏的那个人结婚。如果你喜欢的类型是努力的上进的，你就不能嫁或者娶一个懒惰、轻言放弃的人。那个人至少有闪光的人格魅力值得你一辈子与其相守。美丽的容颜是会逝去的，只有高贵的内心才经得起时间的磨砺。

第四，与善待他人的他（她）结婚。善待他人的人，也会善待你。你可以在日常生活中观察对方，看他（她）是如何对待家人、朋友的。对家人慷慨，对朋友热诚，对陌生人也同样尊重的人，在结婚后，会一样体贴关心你。多询问你自己的家人和朋友的意见，如果他们对他（她）也赞不绝口，也非常喜欢你的伴侣，他（她）就是一个好的结婚对象。

第五，不要想着去改变对方。一旦你们成为男女朋友，记住永远不要试图去改变别人。如果你的伴侣有缺点或陋习，你无法忍受，那么你就不要和他（她）结婚。婚姻意味着完全接受一个人，好坏都是一辈子的事。

寻找终身伴侣是不容易的，坠入爱河的情侣们可以尽情享受恋爱带给你们的乐趣。但是，当你决定结婚，就必须用你的脑子分析，用心感受，慎重选择。用你的下半辈子与这个人生活在一起，是需要你们共同经营、共同努力的，请确定他（她）就是那个适合的人。别因为手续简单，就连带着把你们的婚姻也简化了。两个人因为相爱而在一起，因为互相离不开而结婚，这些都无可厚非。但是，还有另一个因素要考虑进去，那就是社会现实。不管是爱情，还是家庭，都需要有一定的物质基础才能维持。所以，大家选择结婚时一定要慎重。

因寂寞收获的爱情多是苦果

每个人都害怕寂寞，那些深深浅浅的寂寞，会在某一个孤单冷清的深夜向我们袭来，深入骨髓的孤单会慢慢地一点点地吞噬着心灵，让人不知所措。尤其是女人，因为有着一颗柔弱易碎的心，女人更容易被寂寞伤害，更容易因为寂寞而做错事，伤害到自己。

《圣经》上说：“爱是永恒忍耐，又有恩慈。爱是不嫉妒、不自夸、不张狂……”学会享受孤独、享受友情、享受工作，如此，寂寞也将变得不可怕。寂寞这东西，也并非因为一个人找到了真爱而终结。即便是走进婚姻的殿堂，寂寞仍然会随即而来。无论你处于人生的哪个阶段，都得看管好自己。因为寂寞，我们的爱情有时会游离原本温馨的港湾；因为好奇，我们的行程会在某个十字路口不经意地拐弯。理性的人应该为空虚和寂寞配备一把心闩，还应懂得何时把心扉打开，何时把心闩插上，把门管得紧紧的。

每个人都会寂寞，所以，我们需要爱、友谊、亲情和共同事业。对于女人来说，爱无疑是战胜孤独的一个较优的选项。但在没有遇到真爱之前，错误的爱、随意的爱只会让自己更寂寞。爱可以战胜孤独，但绝不能用爱去打发寂寞。每个女孩都梦想着能穿上王子送的水晶鞋，却不曾去试想这双鞋与你合不合脚。禁不住水晶鞋的诱惑，穿上它虽然舞姿卓越，但好像只适合跳舞。最终也只能不停地跳舞，直至失去一切。爱情一开始的时候，只是想要个拥抱，却一不小心发现多了个吻，然后你发现还需要浪漫，一些虚荣……等到要分开的时候，才发现当初只是想要个拥抱。

贪念，虚荣，人总是免除不了这些“恶”。佛家有句话：“一切皆由贪念起。”所以，试想一下，你的失败、堕落与受伤是不是因了这“贪念”二字。爱情本身就是一种诱惑，让人难以拒绝，因为耐不住寂寞，所以成了寂寞的俘虏。想要守住精神的底线，不想成为道德的叛徒，却跌进了无限痛苦的深渊里。可是，这种感情与诱惑无关，与爱情无关，它的根源叫作寂寞。寂寞是一座空城，走入其中才发现，原来是孤单一人。卡尔曾说：“奢侈好像酒，既使人兴奋，又使人衰弱。”寂寞是酒，诱惑是毒。越拒绝，越寂寞；越空虚，越难掩寂寞的伤，而吞下诱惑的毒。“殉花出于自傲而恶此生，残叶出于不甘而心存复”也是同理吧。

明知道没有路了，却还要前行，因为习惯了。明明知道爱上了，却还是要放弃，因为没有结局。往前一步是山崖，退后一步是一眼望不到尽头的沙漠。是选择纵身跳入不知深浅的崖底，还是独自在沙漠中跋涉寻求出路？或许，世界上最遥远的距离，不是生与死，而是明明相爱，却不能在一起。谁会感觉到你的心？除了你自己，谁会知道你总在折磨自己？谁又能体会你的寂寞？孤独无所谓，可以用一本书、一首歌、一片月光来打发掉它。一旦寂寞敲了门，就在你身上刻下了烙印，谁也别想逃。不管哪天晚上，寂寞就又会出现，轻轻地，你不能抗拒。

每个人心底，都会承载一些不为人道的心事，那是属于自己的一隅。通常，诱惑总在这样的夹缝中衍生。诱惑是开在心底的一株罂粟花，色泽鲜艳、花香引人。可一旦碰触，踏错一步便是悬崖，万劫不复，再回首也许已是百年身。

诱惑本身就是一种借口，爱情中的是是非非，若真正论来，与诱惑无关，与风月无关，皆与寂寞有染。犯错的，不是各种光鲜的包裹着的诱惑，而是内心的寂寞与浮躁。当一切回归到平淡做回简单的自己，才发现这一路没有人教会我们如何不爱，也没有人能够宽慰内心的寂寞。能主宰命运的，只有自己。其实，诱惑不知心底事，最了解心中深处想法的，还是自己。淡定自持，保持着一份平静，足以体会到知足常乐的幸福。

得不到的感情是寂寞，看不到的风景是寂寞，挽不回的决定是寂寞。寂寞不分时间，不论地点，总是会在不知不觉中侵入我们的心扉，使得我们无法排遣。当一个人把寂寞当作人生预约的美丽，怀着淡定平和的心态去面对，也就没有了真正意义上的寂寞了。

人，往往会因为寂寞，而在自己的那种意识里迷失自己，更会因为寂寞，去制造一些原本不该发生的爱情！在寂寞的时候，对于外来的一切都是抵御不住的，都是经不起诱惑的。一个人的时候，因为寂寞会想找个人来温暖自己，哪怕他是一个虚幻世界里的人，哪怕他不是自己真正喜欢的类型！因为寂寞，要的只是温暖，要的只是有人疼、有人在乎的感觉！

别用寂寞制造爱情！爱，其实是一种神圣的感情。在寂寞的时候，想要找个人来温暖自己，那不过是一种需要，是自己寂寞时候的一种向往而已！因为寂寞所制造出的爱情并不会长久，彼此双方在寂寞的时候遇到彼此，内心空虚，就想找一个人陪着自己，温暖自己那颗冰冷的心，那不过是寂寞的一种表现而已！

寂寞的时候，应该做的是要调节一下自己的心情，自己应该找些事情充实一下自己，万万不可因为寂寞，制造爱情！那样的感情，是不稳定的，是没有结果的，因为它有着寂寞做前提，因为需要而在一起，根本不是从心中真正地爱彼此。所以，结局会以伤心为收场，那时候只会两败俱伤！

第 三 篇

生活里不要太随意

见什么人，说什么话

在日常生活中，每个人都会遇到求人办事。求人的方式多种多样，其中很大部分是由口头提出的。不难发现，同样的请求内容，不同的人，用不同的方法和语言表达出来，得到的结果往往是不一样的。那么，怎样才能在不同场合与不同类型的人做高效的沟通呢？

以下是生活中常见的八类不太容易沟通的人，掌握与他们谈话的技巧，能让你在求别人办事时，能够游刃有余地掌握主动权，从而起到事半功倍的效果。

第一，死板的人。这类人比较木讷，就算你很客气地和他打招呼、寒暄，他也不会做出你所预期的反应来。他通常不会注意你在说些什么，甚至你会怀疑他听进去没有。你是否也遇到过这种人？求这种人的时候，刚开始多多少少会感觉不安，但这实在也是没办法的事。遇到这种情况，你就要花些时间注意他的一举一动，从他的言行中，寻找出他所真正关心的事来。你可以随便和他闲聊一些中性话题，只要能够使他回答或产生一些反应，那么事情也就好办了。接下来，你要好好利用此类话题，让他充分表达自己的意见。

第二，傲慢无礼的人。有些人自视清高、目中无人，时常表现出一副“唯我独尊”的样子。像这种举止无礼、态度傲慢的人，是最不受欢迎的典型。但是，当你不得不求他的时候，你应该如何与他沟通呢？对这类人，不要认为对方“客气”，你也礼尚往来地待他。其实，他多半是缺乏真心诚意的。你最好在不得罪对方的情况下，言辞尽可能“简省”。这类人在社会上打拚时间长，城府颇深。所以，尽管不受上司眷顾，他也会在“保卫自己”的情况下，与人客气寒暄。因此，我们不必理会他的傲慢，尽量简单扼要地说话就对了。

第三，沉默寡言的人。去求一个不爱开口说话的人，实在是非常吃力的，因为对方如同哑巴一样，半天嘴里挤不出一个字来。你就没办法了解他的想法，更无法得知他对你是否有好感。对于这种人，你最好采取直截了当的方式，让他明白表示“是”或“不是”、“行”或“不行”，尽量避免迂回式的谈话。你不妨把所有的选择都摆在他面前，直接对他说：“对于A和B两种办法，你认为哪种较好？是不是A方法好些呢?”这样能迫使他做出选择性回答。

第四，深藏不露的人。我们周围有许多深藏不露的人，他们不肯轻易让人了解其心思，或让人知道他们在想些什么。有时甚至说话不着边际，一谈到正题就“顾左右而言他”，自我防范心理极强。求这样的人更是难上加难，往往搞得人们无所适从。当你遇到这么一个深藏不露的人时，你只有把自己预先准备好的资料拿给他看，让他根据你所提供的资料做出最后决断。人们多半不愿将自己的弱点暴露出来，即使在你要求他做出回答或进行判断时，他也故意回避，或者故意言不及义地闪烁其词，使你有一种“莫测高深”的感觉。其实，这只是对方伪装自己的手段罢了。

第五，草率决断的人。这类人乍看反应很快，你求他时，他甚至还没听明白你到底要干什么的时候，忽然做出决断，给人“迅雷不及掩耳”的感觉。这类人多半是性子太急了，有的时候为了表现自己的“果断”，就会显得随便而草率。这类人的特征是没有耐心听完别人的谈话，往往“断章取义”，自以为是地妄下决断。如此草率做出的决定，多半会留下后遗症，招致意料不到的枝节产生。倘若你遇到上述这类人，最好把谈话分成若干段，说完一段之后，马上征求他的同意，没问题了再继续进行下去。如此才不会发生错误，也可避免发生因自己话题设计不周到而引出的不必要麻烦。

第六，行动迟缓的人。对于行动迟缓的人，交涉时最需要耐心，绝对不能着急，因为他的步调总是无法跟上你的进度。换句话说，他是很难达到你的办事标准的。所以，你最好耐住性子，拿出你的耐心，言谈上永远别透出恼火的意思，并且尽可能配合他的情况去做。

第七，自私自利的人。这世上自私自利的人为数不少，无论你走到哪里，总会遇到几个。这类人心中只有自己，凡事都将自己的利益摆在前面，要他做些于己无利的事，他是断不会考虑的。遇到这类人，只有暂时按捺住自己的厌恶之情，说话要顺水推舟，投其所好。当他发现自己所强调的利益被肯定了，自然就会表示满意。

第八，毫无表情的人。人的心态和感情，常常会通过脸部的表情显现出来。然而，有些人却毫无表情可言。也就是说，他的喜怒是不形于色的，这种人不是深沉就是呆板。当你需要和这种人交谈的时候，最好的方法就是特别注意他的眼睛和下巴。常言道："眼睛是心灵之窗。""观其眸子"，你自然可以知道对方的心思。看看对方的反应，别被他这种表情吓住，一定要从容不迫。

"能说会到"不仅要靠嘴上的功夫，还要有真能力。不同的人，要用不同的方法应对，这才是一个灵活的人必备的。总之，与人谈话，除了要考虑对方的身份外，还要注意观察对方的性格，更要明白对方是哪个类型的人。这样一来，应对起来就容易多了。总之，要因时而异、因人而异。

恭维别人要把握好分寸

美国哲学家杜威曾说过：“人类天性中最深层的冲动就是‘希望具有重要性’，也就是成为重要人物。”这句话换个说法就是：每个人都希望获得别人的认可，被他人尊重。尊重通过什么表现出来呢？当然就是别人对他的态度。如果连个好态度都没有，何谈对他尊重呢？好态度就是对他说好听的话。所以，在日常交往中，许多人常常使用恭维的语言，这就是所谓的“敬语”。心理学家告诉我们，适当的恭维能取悦人心。如果你对他人说出恭维的话，并且能恰如其分，对方一定会十分高兴。越是傲慢的人，越爱听恭维的话。当然，也有人会义正词严地说自己不爱他人的恭维，反而喜欢接受批评。但如果你信以为真，毫不客气地直言批评，对方即使表面上没有表示，内心却十分不悦，进而对你的好感也会降低。所以，恭维的语言对人际沟通、维系良好关系会产生重要的作用。它不仅是调整心灵的润滑剂，而且，让别人听了舒服之余，还不会让你降低身份。所以，如何适当地恭维他人，也是与人沟通的重要课题。

常言道：“语言是衡量沟通双方心理距离的尺度。”因此，令人感到不舒服的恭维话，不仅会在无意中拉开彼此的距离，更有防范他人侵犯的意味。如果反复滥用或过度恭维，就会显得肉麻而令人不舒服。至于言不由衷的恭维话，自然更是毫无良好的沟通效果了。

在现代交际中，人们无疑是喜欢听善言的。但恭维并不等于善言，恭维适度才是善言。如果错误地把恭维当作善言，不分对象、不分时机、不分尺度，在交际中总是千方百计、搜肠刮肚地找出一大堆的好话、赞词，甚至把阿谀当作善意，那么得到的回报就常常会事与愿违。

诚然，每个人都有着渴望得到别人赞美的心理，希望得到他人的好评。因此，适度的恭维在交际中是必不可少的。然而，我们可不能忘记，人们更渴望坦诚相见，真情以待，更希望与谦虚、诚实的人交往。这就要求我们正确地认识到善言并不等于恭维，善言又离不开恭维。恰到好处的恭维便是善言，而善言可使新交一见如故，老友情谊常在，是交际中不可缺少的“润滑剂”。

每个人都喜欢听好听的话，而不是真实的话，这是人最大的毛病。所以，我们讲话的时候，如果不加上适当的恭维，对方根本听不进去。讲话首先要让对方听得进去，否则就是白费唇舌。对方听不进去，你的话再对、再真实也没有用。恭维话是不是等于奉承话？如果是的话，岂不是人人都是小人，喜欢被奉承？恭维话不等于奉承话，一般人把这两种话混在一起，分不清楚，以致产生严重的误会，认为吹牛、拍马屁是成功的必要条件。凡成功的人，实际上不吹牛也不拍马屁，却装得像吹牛、拍马屁一样。换句话说，即用吹牛、拍马屁的形式，说出有根有据的实话。忠言逆耳，而奉承话又十分危险，容易被对方听成挖苦话。现在把忠言逆耳和奉承话统合起来，说出一番有事实根据，能让对方听得进去，而且听起来很受用的恭维话，才是有效的途径。

那么，如何准确地把握恭维，使恭维恰如其分而不失度，成为真正的善言，取得事半功倍之效呢？

第一，注意交际的对象。在人际交往中，应当注意交际对象的年龄、文化、职业、性格、爱好、特征，因人而异，把握分寸，切不可随意恭维、奉承对方。尤其是新交，更应小心谨慎。比如，你对一个为自己身材过于肥胖而发愁的姑娘说：“你的身材实在是漂亮极了。”对方一定会认为你是在取笑她而大为不快。但如果对一个为自己身材较好而感到自豪的姑娘来说这句话，却可以使姑娘对你的好感和信任增加。在现实生活中，还有一些有识之士喜爱结交“道义相砥，过失相规”的“畏友”，他们喜欢“直言不讳”，你越指出他的不足，他越喜欢你，而你越恭维他，他却越讨厌你。同这类人交往时，恭维是需要慎之又慎的。

第二，注意把握时机。交际中认真把握时机，选择恰到好处的善言，是十分重要的。尤其是恭维，应当切合当时的气氛、条件，有着一定“时效”的约束。当你发现对方有值得赞美、恭维的地方，要善于及时大胆地赞美、恭维，千万不能错过时机。不适时机的恭维，无异于南辕北辙，结果只能是事与愿违，起不到预期的效果，甚至还会产生一定的副作用。

第三，注意恭维的尺度。恭维的尺度掌握得如何，往往直接影响着恭维的效果。恰如其分、不留痕迹、适可而止的恭维是成功者的妙诀。而使用过多华丽的辞藻、过度的恭维、空洞的奉承，只能使对方感到不舒服、不自在，甚至难堪、肉麻和反感，其结果是适得其反。假如你对一位字写得比较好的朋友说：“你写的字是全世界最漂亮的！”你的恭维极有可能使对方难堪。但如果你这样说：“你的字写得很漂亮！”你的朋友一定会感到很高兴，说不定他还要介绍一番他练字的经过和经验呢！

当然，恭维的程度不够，便不能称其为恭维，这样也无法达到预期的目的。恭维还需要真诚，需要不留痕迹。真诚的态度是交际者成功的要素，交际中一定要努力表现出恭维的真诚，表现出发自肺腑，情意真切。要知道，无可赞而勉为其难，不如避而不谈。恭维是善言者出色的表现，把握恰当、得体的恭维无疑是走向成功交际的第一步。

当直则直，该软就软

生活中，很多人有这样的困惑，很多事的发展往往出乎自己的意料，又因自己所学知识和实际情况存在很大差异而感到力不从心。所以，生搬硬套已有的知识而导致失败。的确，我们应该肯定知识的力量是无穷的。但前提是，要有正确的方法才能把知识变为力量才行。只有灵活地运用知识，不要生搬硬套，要多动动脑筋，才会把事情做好。做事不要刻意地去模仿别人，充分地发挥自己的聪明才智是上策。

在工作和生活中，很多人都犯过固执、爱冲动、走极端、犹犹豫豫等毛病。事过以后，自己冷静下来想想，当时确实没有必要那样做。但这个时候后悔已经晚了，这些盲目行为已经给自己造成了难以挽回的损失。怎样才能避免出现上述的几种情况呢？那就是要灵活变通地去做人做事，要因人而异、因事而异，具体情况具体分析。具体说来，可以从以下几个方面尝试去做：

第一，做人别太固执。太固执的人总会自以为是，很轻易地得出一个结论后，就认定是最终真理。别人如果有不同看法，就肯定是他哪儿出问题了。太固执的人也很容易轻视别人，否定别人。太固执的人很容易对人产生偏见。在他们眼里，如果一个人犯了错误，就注定他永远会犯错误；一个人的第一印象不好，就意味着这个人永远不会好。太固执的人不易接受新事物。他们总认为自己的一套是最佳的，对新事物其实根本不了解，却说出一大堆凭空想象的局限和不足。要想改变这种坏脾气，首先得试着去理解人，试着从别人的角度来考虑问题。要始终抱着一个信条：在不了解一个人或一样东西之前，不要妄下结论。

第二，不要走极端。要么很好，要么很坏；要么是踌躇满志，要么是万念俱灰；稍受鼓励就信心倍增，稍受打击就萎靡不振。虽然说人生是一场戏，但你也不能故意把它搞得大喜大悲，这对身心是很不利的。有极端思想的人往往是一个完美主义者，或者说是一个理想主义者。在事情开始之前，他总会把事情的结果想象得很美好。而一旦事与愿违，他就会痛苦万分，极大的反差加上没有任何的思想准备定会让他消沉一段时间。我们要试着去改变这种极端思想的做法。首先，要有接受挫折与失败的心理。在事情开始之前，就要做好工作成功和失败的准备。其次，我们在事前不要把结果想象得太完美，以免期望越高，失望越多。我们也可以告诉自己：做事要多看过程，只要我们尽力就行了。

第三，换个角度考虑可能会更好。做一件事可以有无数种方法，而只有一种才是最佳的，而你想到的可能是最差的。开动脑筋，试着换种方法，你会感觉豁然开朗。有了这种“换条路”的思考方式，你会发现很多最佳的方法。聪明人总在想着如何“偷懒”，别人做这件事花了一万块钱，我能不能少花些；别人做这件事用了两天，我能不能只用一天半。办法是人想出来的，即使你比别人笨一些，只要你多花些时间去想，就可能做得比其他人更好。当我们发现这个思路行不通的时候，那就试着去换一个思路。总之，发现“不行”你就得转变自己，而发现“行”你也得变得“更行”。要想成功，就得时时刻刻想着：“是不是可以换种方法。”

第四，别总是后悔。因为一件事做得不完美而后悔，或因为不经意的一句话而伤害别人而后悔，这都是难免的。但如果一个人经常性地话一出口就后悔，那就不大正常了。这种坏习惯有时候是因为犹豫不决的性格造成的。有的人面对选择时，总会考虑得无比周到。从大到小、从前到后，样样都要考虑，到最后把自己给搞糊涂了，不知如何做出选择。好容易在别人的帮助下或在内心的催促下做出了决定，话一出口马上就会后悔，心里想：可能作另外一种选择更好。考虑太多会使你“说了常后悔”，欠考虑也同样使你“说了常后悔”。有些人喜欢信口开河，说话不着边际，只管吹牛倒也无妨，问题就在一不小心就可能伤了别人，那就只有道歉了。由于犹豫不决而常后悔的人，总会有种失落感，本来做出选择是很痛快的事，而对他来说却是痛苦的事。

如果你是一个优柔寡断的人，你得在做决定之前先弄清楚：我选择的首要标准是什么。在做选择之前，先把标准的顺序排好。如果只想买支笔，能写就行，那就挑支便宜的。在做出决定以后，只能想我选的东西有多少优点，别去想别的，要有一种知足常乐的心理。而如果是欠考虑、易冲动的人，就要告诉自己：凡事要三思而后言。特别在感情冲动时，要立即警告自己：别光从自己角度出发，换个角度，和别人开玩笑，不能凭自己想象，你要想想他会不会生气。在批评人时，也要想想对方会怎么想，不能光顾自己发泄。在承诺别人时，不能光让对方满意，要考虑一下自己能否承受得了。

揭人之短，树敌多多

龙是中国神话传说中的动物。据说，在龙的喉部以下，约距离一尺的部位上有“逆鳞”。如果谁不小心触摸到这一部位，必定会被激怒的龙所杀。同样，人身上也有类似龙那样的特别敏感、特别忌讳的“逆鳞”存在，就是通常人们所说的“痛处”，是一个人的缺点和耻辱的记忆。如果你总是以揭他人之短来证明自己所长从而获得心理上的满足，那只能对你有害无益。

每个人或多或少都有些不光彩的过去，或是有身体或性格上的缺陷，而这些就构成了一个人的短处。每个人的短处都是不愿意让人知道的。就算你与他人的关系再铁，你对他再有恩，也不要肆无忌惮。特别是不要当着众人的面揭他的短，让他难堪。同时，要注意替他保守秘密。轻易不要在公开场合说别人尤其是别人的坏话，宁可高帽子一顶顶地送，既保住了别人的面子，别人也会如法炮制地给你面子，彼此心照不宣，尽兴而散。

俗话说：“打人不打脸，揭人不揭短。”要想与他人友好相处，就要尽量体谅他人，给别人留点回旋的余地，维护他人的自尊。即使唇枪舌剑，也要保住他人的面子。有的人说话办事不分场合、不分对象，无意中就揭了别人的老底，犯了别人的忌讳，不知不觉中就惹祸上身。为人处世，与人交往，千万不要攻击别人的短处，或者拿此取笑。我们每个人都有各自不同的成长经历，都有自己的缺陷、弱点，也许是生理上的，也许是隐藏在内心深处不堪回首的经历。这些都是我们不愿提及的伤疤，是我们在社交场合极力隐藏和回避的问题。被击中痛处，对任何人来说，都不是一件令人愉快的事。无论是对什么人，只要你触及他这块伤疤，他都会采取一定的方法进行反击，从而获求一种心理上的平衡。

揭短，有时是故意的，那是互相敌视的双方用来攻击对方的武器。揭短，有时是无意的，那是由于某种原因一不小心犯了对方的忌讳。但总体来说，有心也好，无意也罢，在待人处世中揭人之短都会伤害对方的自尊，轻则影响双方的感情，重则导致人际关系紧张。

我们常说："瘸子面前不说短、胖子面前不提肥、'东施'面前不言丑，对让人失意的事应尽量避而不谈。"避讳不仅是处理人际关系的技巧问题，更是对待朋友的态度问题。尊重他人就是尊重自己，为自己留口德，避免"祸从口出"。

有一则故事：

有位养鸡场的主人，向来讨厌传教士，因为他觉得大多数传教士讲的是一套，做的又是一套，道貌岸然。尤其有些家伙，满口仁义道德，私下却干些见不得人的勾当，更让他义愤填膺，咬牙切齿。为了满足"替天行道"的正义感，养鸡场主人有事没事，总喜欢信口散布传教士的坏话。

有一天，有两个传教士上门，说要买只鸡。生意上门，总不好往外推。主人让他们在偌大的养鸡场里挑了半天，没想到他们却挑中了一只毛掉得几乎秃了又跛脚的公鸡。主人很奇怪，便问他们为什么要买这只丑陋难看的公鸡。其中一位传教士回答："我们想把这只鸡买回去养在修道院里，路过的人看见要问起的话，我们就说这是你的养鸡场养出来的鸡。"主人一听，急了，连忙摇头："不行，不行！你们看看我这养鸡场里面的鸡，哪一只不是养得漂漂亮亮、肥肥壮壮的，就这一只不知道怎么搞的，一天到晚爱打架，才会弄成这种丑模样。你们拿它对外当代表，别人会误会我的鸡都这样，对我实在太不公平了！"另外一位传教士笑嘻嘻地回答："对呀！少数几个传教士行为不检点，你却喜欢拿他们来当代表，对我们来说，也同样太不公平了！"

谁都有缺点，都有自己的忌讳之处。如果这些被人当面说出来，无疑是打了人家一个大耳光，太不给人留情面、留余地了，而揭人之短的人除了招致对方的怨恨、报复外将一无所得。人都有尊严，也很在乎自己的尊严和面子。可是，生活中总会有人喜欢谈论别人的短处，这可真要不得，有这个毛病的人还是赶紧改掉为好。在世为人，更多的应该是“护人之短，扬人之长”，既给了别人面子，也给自己留了尊严和余地，何乐而不为呢？

微笑会带来好运

有一种语言是不分国界、世界通用的，那就是微笑。当你不知道如何展开话题时，微笑是最好的交流开端。笑容是一种令人感觉愉快的面部表情，它可以缩短人与人之间的心理距离，为深入沟通与交往创造温馨和谐的氛围。因此，有人把笑容比作人际交往的润滑剂。在笑容中，微笑最自然大方，最真诚友善。世界各民族普遍认同微笑是基本笑容或常规表情。在人际交往中，保持微笑，至少有以下几个方面的作用：

第一，表现心境良好。面露平和欢愉的微笑，说明心情愉快，充实满足，乐观向上，善待人生，这样的人才会产生吸引别人的魅力。

第二，表现充满自信。面带微笑，表明对自己的能力有充分的信心，以不卑不亢的态度与人交往，使人产生信任感，容易被别人真正地接受。

第三，表现真诚友善。微笑反映自己心底坦荡，善良友好，待人真心实意，而非虚情假意，使人在与其交往中自然放松，不知不觉地缩短了心理距离。

第四，表现乐业敬业。工作岗位上保持微笑，说明热爱本职工作，乐于克尽职守。如在服务岗位，微笑更是可以创造一种和谐融洽的气氛，让服务对象倍感愉快和温暖。

微笑，古人解释为“因喜悦而开颜”，是一种特殊的“情绪语言”，其传播具有超越国家、民族、宗教界限的功能，几乎在所有的社交场合下，都可以和有声的语言及行动相配合，起到“互补”作用，充分表达尊重、亲切、友善、快乐的情绪，拨动对方的心弦，沟通人们的心灵，缓解紧张的空气，架起友谊的桥梁，给人以美好的享受。美国希尔顿集团的董事长康纳·希尔顿把一家名不见经传的旅馆，迅速发展成遍及世界五大洲、拥有70多家豪华宾馆的跨国公司。当人们问及他的成功秘诀时，他自豪地说："靠微笑的力量。如果缺少服务员的美好微笑，就好比花园里失去了春日的太阳和风。假若我是顾客，我宁愿住进那虽然只有残旧地毯，却处处见到微笑的旅馆，而不愿走进第一流的设备而见不到微笑的地方。因此，他经常问下属的一句话便是：你今天对顾客微笑了没有？"

法国思想家罗曼·罗兰说过："面部表情是多少世纪培养成功的语言，比嘴里讲的更复杂到千百倍的语言。"微笑是人与生俱来就有的一种表情，是人的一种本能。在生活中，微笑起着主要的作用。微笑能使同事之间相处融洽。在工作中，常常会因为两个人的意见不同、做法不同而产生抵触。这时，记得给对方一个微笑。你会发现，你的微笑会转变这种尴尬的局面。

微笑能更好地培育两人之间的感情。在外操劳了一天的他（她），原来就很疲乏，可能会由于工作的压力而不愉快，甚至会发脾气。这时，记得给他（她）一个微笑，也是给对方一种抚慰。你会发现，你的微笑平复了他（她）的心境，也加深了你们之间的情感。微笑是解除懊恼的良药。每个人都有不开心的时候，请试着用微笑带过。你会发现，自己因为微笑而驯服了烦恼。微笑能使人变得俏丽。有人说，美丽的女人爱装扮，她们的漂亮只是通过打扮跟粉饰后的外在美。而常坚持乐观良好的性情的人，在心里有一种很天然的内在美。

微笑是一种很特别的无声语言，它能够使一个人的心情变得愉悦。微笑是既买不到也借不到更偷不去的一个价值连城的宝贝，它在心里，在脸上，在你的一举一动中。

有一家公司让员工去拿一份重要的材料，结果去的都被骂了回来。老板就把这个任务交给了小张，小张也很犯难。但这份材料不拿还不行，结果还是去了。到达时，只见那位科长还在破口大骂呢。这时，小张什么也没有说，只是微笑、微笑还是微笑，嘴里说着："噢？这样呀？是吗？"只是点着头微笑着。后来，那个科长骂了一阵子的时候，小张说："科长，你很善于表达你内心里的愤怒呀!"科长看了看小张说："嗯！这小伙子不错！我也不为难你了，你就拿回去吧!"就这样，别人没有拿到的，他却拿到了。

在现实生活中，人们往往意识到服饰仪容对社交、办事的重要，故而出门之前总要打扮一番，唯恐自己的衣着粗俗、妆饰不雅让人笑话，甚至会把事情办砸。但是，人们却忽视微笑。其实，对于社交、办事来说，服饰、化妆固然重要，但表情更为重要。很难设想，一个愁眉苦脸、不苟言笑的人会把事情办好。一个微笑能够唤醒那些低头的细胞，一个微笑可以点燃生命中的曙光。我们要牢记微笑的模样，把垂头丧气的面孔从学习、工作中抹去!

人生没有彩排，每一天都是现场直播。我们总不能把昨天的遗憾写在脸上，灰心丧气，叹息不止，因为昨天已经成为历史；也不能把希望完全寄予明天，因为明天是个未知数。所以，我们必须把握好今天，不要让今天成为明天的遗憾，而要面带微笑对待每一天。

莎士比亚说得好："如果你一天中没有笑一笑，那你这一天就算是白活了。"归根结底，微笑给人以友好、安全的感觉，它无形中拉近人心的距离。如果你想拥有友谊和财富，而且成为心情愉悦的人，你就得时常把微笑写在脸上，把冰冷的面孔丢到一边去！这就是微笑的魅力，让微笑改变我们的生活，有微笑的空间最美好。

信誉是你的白金名片

一个人的信誉决定其成就事业的高度。信誉在做人中占据很高的位置，不管是在生活、学习中，还是在工作、合作中，信誉是不可缺少的。“信誉”二字重在强调“信”字，如果没有“信”的话，“誉”就无从谈起了。所谓“信”，指的就是“诚信”。诚信是人的一种基本品质，是为人处世的基本原则，是取信于人的良策，是处世立身、成就事业的基石。“诚者，天之道也；思诚者，人之道也。”讲诚信，是我国的传统美德，也是做人的基本素养和道德良知。一言九鼎，金口玉言，一言既出，驷马难追……这些数不胜数的格言警句和成语典故，无不告诉我们一个基本的人生道理：诚信乃做人之本。

俗话说：“会做人，能让你人财两旺。”那么，怎么做才能算会做人呢？或者说，我们在为人处世时应该注重哪些方面呢？很多事例和经验印证了一句话，它就是——做人，首先要讲诚信。一个没有诚信的人，必是孤家寡人；一个没有诚信的家庭，必无亲朋好友；没有诚信的社会，必将是一个贪婪、欺诈横行的社会。可以说，不讲诚信的行为，就是摧毁财富的魔鬼。而当你以诚信作为自己的做人准则时，你实际上就是在积累自己的财富。为什么这么说呢？因为诚信虽不是财富，但它可带来更多的财富，拥有它，便拥有了财富。从这种意义上说，诚信就是财富。甚至有人说，诚信比钱、比一切东西都更有价值，诚信是无价之宝。

1835 年，摩根先生听一位朋友讲：“一家名叫伊特纳的火灾保险公司为了扩大自己的实力，宣布凡是加入公司的新股东，不需马上注入资金，只要在股东名册上签下自己的名字，就可以成为该公司的股东，而且很快就会有良好的收益。”

摩根先生毫不犹豫地在那本股东名册上签下了他的名字，成为伊特纳火灾公司的一名股东。天有不测风云。同年冬天，纽约发生了一场特大火灾。伊特纳火灾保险公司的股东们一个个傻了眼，纷纷退股来挽回自己的损失。珍惜自己信誉的摩根先生再三斟酌，决定舍财保信誉。他卖掉了自己苦心经营多年的旅店和酒店，低价收购了大家的股份。他又通过其他融资渠道，以最快的速度将 15 万美元的保险赔偿返还给投保人。一时间，伊特纳火灾保险公司的声誉传遍了整个纽约城。为了偿还赔偿金，摩根先生已经濒临破产，只剩下一个空壳般的保险公司。当然，摩根先生也成为这家公司最大的股东。他从朋友那里借钱，刊登广告：本公司为了偿还保险金已经竭尽所能，从现在开始，再入本公司的投保人，保险金一律增加一倍。

第二天早晨，身上只有 5 美元的摩根先生拎着公文包上班。当走到公司所在的那条大街时，只见那条大街被挤得水泄不通，许多前来投保的人挤在伊特纳火灾保险公司的大门口。不久，摩根先生就买回了原来的旅馆和酒店，还净赚了 30 万美元。这位摩根先生就是主宰华尔街帝国的摩根先生的祖父，摩根家族的创始人。

一场突发的火灾，曾使摩根先生濒临破产。同样，也是这场火灾成就了一个家族的事业。摩根先生成功的秘诀就是讲诚信、重信誉。他之所以后来能积累富可敌国的财富，是因为他在日后的商场风云中讲“诚信”。摩根先生曾说：“信誉是我一生的恪守，因为它具有无穷的复利效果，可以让你从身无分文变成真正的亿万富翁。”

中国著名戏剧家曹禺在美国纽约旅游时，一次去参观仰慕已久的大都会博物馆。门口售票处的牌子上明码标价：成人票价 16 美元，学生票价 8 美元。他吃不准自己这个访问学者是不是学生，又没有学生证，踌躇良久，拿出 16 美元，同时对售票小姐说明情况。没等他说完，售票小姐就面带微笑地递上票和找回的 8 美元，并用英语说：“我相信你，中国是一个讲诚信的国家。”听到此话，曹禺激动不已。从此以后，曹禺在任何地方都不忘讲诚信，他养成了讲诚信的好习惯，而这个习惯也伴着他走向了成功。

一个人要顶天立地于人世间，少不了诚信这笔无形的财富。在当代社会，一个企业、一个公司、一个产品要想立足于世、取信于人，诚信乃成功之砝码。商家不讲诚信走不远，人不讲诚信更会被社会所淘汰。试想，天底下有谁愿意与言而无信的人交往合作呢？因此，诚信不仅是一种品行，更是一种责任；不仅是一种道义，更是一种准则；不仅是一种声誉，更是一种资源。

总之，诚信是一个人在立身处世、待人接物和生活实践中必须而且应当具有的态度和品质。我们在为人处世时，必须说老实话、做老实人，以诚待人，信守承诺。

诚信是一个人为人处世的基本素养。一个人拥有了诚信，他就等于拥有了巨大的财富。这是因为，诚实是一笔无形的财富，是无价之宝。

用宽容对待折磨过你的人

宽容是一种修养，是一种境界，是一种美德。宽容是原谅可容之言、饶恕可容之事、包涵可容之人。

宽容当然需要有足够大的心胸，有了宽容的胸怀，才有容天容地、容江海的崇高和博大，才有来自心底的真挚笑容。大千世界，日月轮回，时过境迁，人心思变。所以，于己要多责，责自己无知无识；对他人，要多欣赏，赏他人有高有低。人生有了这种宽容的气度，才能安然走过四季，才能闲庭信步，笑看花落花开。

三国时期的蜀国，在诸葛亮去世后，任用蒋琬主持朝政。他的属下有个叫杨戏的，性格孤僻，讷于言语。蒋琬与他说话，他也是只应不答。有人看不惯，在蒋琬面前嘀咕说："杨戏这人对您如此怠慢，太不像话了！"蒋琬坦然一笑，说："人嘛，都有各自的脾气秉性。让杨戏当面说赞扬我的话，那可不是他的本性；让他当着众人的面说我的不是，他会觉得我下不来台。所以，他只好不作声了。其实，这正是他为人的可贵之处。"后来，有人赞蒋琬"宰相肚里能撑船"。

宽容，最重要的是容人，它是容言、容事之根本。人有高低之分，学人之长，是宽容修养的基础，做起来也比较容易。但是，容人之短，尤其是容持不同观点的人的缺点，则需要较大的胆识。所以，要用真诚的心来观察他人的长处，容纳他人的不足，善于发现、培养、发挥他人的长处，求同存异，共同发展，互惠互利，才能成就事业，拥有更多的成功。

宽容是人之博大、人之崇高的优良品德。宽容于己不会失去什么，反而可以收获快乐，收获成功，会给人间增添多一些的欢乐和温情。要想切断痛苦的源头，唯一的办法就是学会宽容。宽容于人，宽容于事，无非是不去逞强斗狠罢了，得到的却是安然、宁静、和谐与友好，其善莫大焉。

生活中，学会宽容除了能获得尊重或收获友谊外，对自己的身心健康也有着莫大的益处。下面是保持宽容的心态对个人身心带来的好处：

第一，降低血压。如果你爱生气，如果对别人的伤害耿耿于怀，你就需要检查一下自己的血压是否升高。专家告诉我们，一旦你宽恕了他人对你的伤害或过错，你就不会那么生气，血压也就会降下去了。

第二，减轻压力。心眼小的人，压力也大。这是因为，很多事情装在他心里，讲不出来，也放不下，压力自然不少。一个人总是扛着压力，那会是一种什么状态？身体能好吗？一个人若是宽宏大量，什么都想得开，包括别人对自己的伤害，那么这个人就一定是无事一身轻。心里没包袱，生活、工作都会很快乐，幸福也会随时来到你身边。

第三，消除敌意。“敌意”这个词我们不常用，用我们的话就是看谁都别扭，动辄出言不逊，重则拳脚相加。不论人家说什么做什么，他都会往坏处想，好像别人总是跟他过不去。学会宽容，你对别人就不会那么有敌意，话也不会横着说出口。

第四，稳定心律。一般人的心律在每分钟七十左右。生气的时候，特别是面对面争吵的时候，心律一定会加快，从而增大心脏的负担。如果一个人总是不肯原谅他人的过错，气愤不止，心律就很难恢复到正常范围内。为了不给心脏更大负担，要有一个宽宏大量的胸怀，比什么都强。

第五，拒绝抑郁。学会宽恕至少会减少很多令你抑郁的机会。不信的话，可以问问已经抑郁的那些人，他们一天到晚大脑忙得很。他们想的并不是如何好好生活、如何好好工作，相反，他们所津津乐道的是把别人对不起自己的地方隔三岔五就要拿出来“晒”，唯恐忘得一干二净。这样的人不抑郁，谁抑郁？

第六，少点焦虑。有人说，一个人适当有点焦虑有好处。不过，对于缺少宽恕情怀的人来说，那种焦虑还是没有为好。不能宽恕别人的过错往往有这样一种情绪，好像别人都在跟自己过不去。人家从他眼前经过，没有跟他打招呼，他也觉得对方对他有看法。殊不知，是他对别人的“不是”耿耿于怀才使人家少说为佳，唯恐哪句话不到位让他老人家生气十天半个月。

第七，扩大交往。心胸旷达之人交往往往很广泛，朋友也是不少。要知道，人这种社会动物除了家人，还必须有社会交往。交往不够，势必会影响一个人的工作，也会影响一个人的生活。美国前总统罗斯福说过：“成功公式中，最重要的一项因素是与人相处。”从某种意义上讲，宽恕是获得友谊、积累人气的重要途径和不可缺少的手段。

第八，家庭和睦。一个家庭的最基本关系就是夫妻关系。夫妻来自于两个不同背景的家庭，诸多不同往往影响着他们的共同生活。夫妻之间针尖对麦芒，恐怕一天也过不下去。健康的家庭关系就是成员之间，包括夫妻之间，相互包容、相互理解、相互宽恕对方的缺点或错误。只有这样，这个家庭才能和睦，这个家的每一个人才有可能幸福。世界上恐怕没有一个家庭一辈子没有矛盾。有了矛盾不怕，宽恕则是用以解决矛盾的万能钥匙。

第九，心理健康。据有关专家研究发现，心脏病、糖尿病及癌症等很多疾病都属于“心病”，即与人的心态有一定关系。人的心病又从什么地方来？有相当一部分是因为无法宽恕他人的过错而产生的。可以这样讲，学会宽恕他人在某种程度上可以大大减少感染心病的概率，甚至还能拆毁很多疾病的温床。

所以说，宽容于人于己都有很大的好处，学会宽容将使你的生活少去许多烦恼。宽容是人生的一座桥，将彼此间的心灵沟通。走过这座桥，人们的生命就会多一份空间、多一份爱心，人们的生活就会多一份温暖、多一份阳光。一个人有多大的胸怀，就能成就多大的事业！

尊重别人，你才能被尊重

日常交往中，懂得说话技巧的人一定是一个和蔼可亲、平易近人的人，一定是一个懂得怎样尊重别人的人。生活中，人人都渴望得到别人的尊重，可就有那么一些人，不懂得去尊重别人。或许是隔膜太多，无法沟通，或许还有别的原因，但也应该给对方以最起码的尊重。

我们每一个人都渴望得到别人的尊重，也应该学着尊重每一个人，请不要歧视任何人。如果能做到这一点，你的人生之旅将会显得光辉而伟大。

曾听过这样一个故事：

一位商人看到一个衣衫褴褛的铅笔推销员，顿生一股怜悯之情。他不假思索地将 10 元钱塞到卖铅笔人的手中，然后头也不回地走开了。走了没几步，他忽然觉得这样做不妥，于是连忙返回来，并抱歉地解释说自己忘了取笔，希望不要介意。最后，他郑重其事地说："您和我一样，都是商人。"

一年之后，在一个商贾云集、热烈隆重的社交场合，一位西装革履、风度翩翩的推销商迎上这位商人，不无感激地自我介绍道："您可能早已忘记我了，而我也不知道您的名字，但我永远不会忘记您。您就是那位重新给了我自尊和自信的人。我一直觉得自己是个推销铅笔的乞丐，直到您亲口对我说，我和您一样都是商人为止。"

没想到商人这么一句简简单单的话，竟使一个自卑的人顿然树立起了自尊，使一个处境窘迫的人重新找回了自信。正是有了这种自尊与自信，才使他看到了自己的价值和优势，终于通过努力获得了成功。不难想象，倘若当初没有那么一句尊重鼓励的话，纵然给他几千元也无济于事，断不会出现从自认乞丐到自信自强的巨变。这就是尊重，这就是尊重的力量，尊重别人就是尊重自己！

尊重他人是一种高尚的美德，是一个人内在修养的外在表现。尊重是人的一生修养以及自我内涵的表现，也是人必须具有的品质。尊重，简单地说，就是一种品德。它反映的是一个人的文化素养、道德修养，也反映了一个民族的文化底蕴。尊重是一种品德，无论是在学习、工作中还是在生活中，无论是对同学、老师、领导、同事还是对邻居、朋友、家人，都应该自觉践行尊重，因为每一个人都希望得到他人的尊重。

在现实生活中，许多人不注意尊重他人：同学之间、师生之间、上下级之间、同事之间、左邻右舍、亲朋好友甚至家人之间，有时候完全以自我为中心，不注意别人的感受，不给对方留下足够的心理活动时间；与别人谈话时，只顾自己侃侃而谈，不给对方插话的机会；在听别人倾吐心事时，东张西望，左顾右盼，心不在焉；对给自己提意见的人耿耿于怀，对批评自己的人做出不礼貌不文明甚至粗野的言谈举止，等等。这些都是不尊重他人的不文明行为。

当然，在我们的日常学习、工作和生活中，难免会遇到对方有意无意中做了伤害你的事情。在这种情况下，你是以其人之道还治其人之身，还是以宽容的态度原谅对方？如果你能换一个角度思考这个问题，以别人难以达到的大度和宽阔的胸怀来对待处理，那么你的形象就会高大起来，你的宽容和大度就会让你的人格折射出更加高尚的光芒来。这样一来，你就会获得更多的尊重，他们也会在今后的学习、工作和生活中加倍回报你。

你对别人的尊重其实不仅是尊重了别人，而且也尊重了自己，因为尊重也会使别人对你肃然起敬。同学之间、同事之间、邻居之间、师生之间、上下级之间要学会互相尊重，夫妻之间也应该互相尊重。越是亲近的人，你说话越不能放肆，因为越是亲近的人越容易受到伤害。领导对下属的尊重更会显示出领导者的水平来，你对下属说话和蔼可亲，不当众让下属难堪，关心和体谅下属在工作和生活中的难处，就会使下属心情舒畅，努力工作，更能赢得下属对你的尊重。

所以说，人的内心都渴望得到他人的尊重，但也只有你先尊重他人才能赢得尊重。常言道："送花的人周围都是鲜花，种刺的人身边都是荆棘。"就让我们都去先尊重别人吧，因为尊重别人就是尊重你自己！

第四篇

工作中不能
太随意

不同意见，要绕着弯说

很多人刚刚步入职场时，往往不知道“规矩”。特别是当与老板的意见不同的时候，大多数人秉承的是“书生气”的做法，就是直言不讳地当众指出来。虽然这种“勇气”会受到其他同事的赞许，殊不知，你却在老板心中埋下了定时炸弹。

当上司滔滔不绝地陈述自己观点的时候，当上司觉得自己的观点非常好的时候，当上司正为自己的观点沾沾自喜的时候，你的脑海中冒出了一个比上司还要好的想法。这个时候，你是直接告诉上司吗？其结果，上司会被你的意见弄得很尴尬。此时，即使你的想法很好，也不会被上司看好。当然，对于许多上司来说，由于历事颇多，久经世故，是能够临危而不乱，对你的反对意见沉得住气的，不会立即做出过激的反应。而且，许多上司还是有一定心胸的，不会褊狭地受情绪左右、意气用事。但是，有时候人心中的不快都是需要找途径发泄的，而且由于上司处于指挥全局的岗位上，又加上权力的因素，上司无法控制自己的愤怒也就在所难免。下属的直言不讳，往往会使上司觉得脸上无光，威名扫地，而上司的身份又决定了他非常需要这些东西。

直言不讳的批评方式，往往使上司无力招架，自尊心受到伤害，而感觉颜面大失。因为这些方式使得问题与问题、人与人面对面地站到了一起，除了正视彼此以外，已没有任何回旋余地，而且，这种方式最容易形成心理上的不安全感和对立情绪。你的反对意见犹如兵临城下，直对上司的观点或方案，怎么会使上司不感到紧张难堪呢？特别是在众人面前，上司面对这种已形成挑战之势的意见，已别无选择。他只有不顾一切地痛击你，打败你，才能挽回自己那几欲损失的权威与尊严。

事实上，我们会发现，通过间接的途径表达自己的意见反而更容易被人接受，这大概就是古人以迂为直的奥妙所在吧！道理很明显，间接的方法很容易使你摆脱其中的种种利害关系，淡化矛盾或转移焦点，从而减少上司对你的敌意。间接地表达意见，也给了上司思考的余地。在心绪正常的情况下，理智占了上风，他自然会认真地考虑你的意见，不至于先入为主地将你的意见一棒子打死。

所以，绝不要和同事或老板争论，就算你认为自己很有道理也不要这么做，因为那对你没好处。结果，要么是你输掉这场争论，要么就是你失去一些跟你站在同一战线上的人。但是，你还是需要一些办法阻止他们产生一些草率的念头，避免最后出现会给你职业带来不良影响的交锋。那么，你该怎么做才能正确地表达你的相反意见，同时还能避免跟同事彻底翻脸呢？你的目标是要得到双赢，而不是一赢一输。这个时候多想想柔道，别去想什么拳击，你要学会让你的同事在争论中能够为你所用。

下面，就将告诉你该怎么办，一共有五个步骤：

第一步：听。其间别去争论或者发表不同意见，也不要插嘴。相反，你要鼓励对方把他们愚蠢的想法充分表达出来。他们希望你懂得倾听，也同时希望能够得到尊重。如果你总是很快地跟他们争论的话，你可能会听到“你还是没懂我说什么……让我解释给你听”这样的话，最终你们终将会得到一方获胜一方失败的结果，那这样的争论就完全是浪费时间。

第二步：善意地保留。在谈话开始的时候肯定对方说的一部分观点是十分明智的做法。你想想，你会不会一开口就跟一个新妈妈说她的孩子是你见过的世界上最丑的孩子呢？你同事的想法对他们来说，就像是他们的孩子一样。所以，你千万不要污辱他们。你在给你同事提供希望的同时，也能够得到同事情感上的认同。

第三步：找出普遍原因。表扬做出的努力。你必须感谢你的同事有意愿、有勇气并且有见解去解决他们认为应该得到解决的问题。告诉他们为什么这个问题十分重要：从一开始就要把讨论集中在你希望得到的结论，而不是他们的具体看法上。

第四步：强调重点。表示你已经想到了这一个问题，但还在挣扎之中。你可以说你对三个大问题还拿不定主意，这三个大问题就是你认为你的同事的观点中存在的三个致命漏洞。

第五步：同心协力，解决问题。到现在，你应该已经把讨论从对方的观点（你的同事永远也不可能同意改变他们的观点）转移到问题本身（你的同事将会一而再、再而三地向你证明他们能解决好它）上来了。新的解决方案应该会得到双方的共同认可，最终代替你之前听到的那个疯狂的提议。同时，你的同事还会认为那完全是他们提出来的主意。没有人会为维护自己的观点争论不休。事实上，你已经赢得了这场争论，还赢得了一个朋友。

千万别被他们观点里的逻辑绕了进去，也别让自己陷入到关于他们建议所有细节无休止的讨论里去。悄悄地把讨论从原来的设想里转移出来。相反，你可以把重点放在你和你同事共同想达到的目标上。让他们觉得他们帮到了你，给你提供了可用的建议，而不是被你批评了一顿。一旦你被大家公认为是一个知轻重、老练的人，那你的一个小小的意见在别人看来都十分重要。你通过巧妙地表达自己的不同意见，得到了权力、公信力还有盟友。

自己的优点让别人去讲

生活中，夸自己的话还是少一点为好，这样可以成全别人的好胜心，赢得一份尊重。真正聪明的人，每逢开口说话，不管是什么内容，都会常常提醒自己不要把自夸的话挂到嘴边。

在我们的身边，喜欢自夸的人会越来越多，自己生活如何美，自己待遇如何好，自己的衣服多么名贵，子女都在国外。总而言之，他要向世人显示一个形象，我活得要比你强。

记得有位历史学家曾说过："整天陶醉在自己成就上的民族不会创造更大的成就。"同样，整日里想着自己多么了不起的人也不会有多大的了不起。今天，我们仍在习惯地听着种种自夸式的语言，但我们却欣赏不起来，因为那里面没有一丝诙谐的成分。在自夸面前，我们看见更多的却是灰色的调子，一段没有旋律的噪声，让人无法振荡起空寂的心灵。久而久之，我们便也会像一群傻瓜一样，每天不自夸一下，便觉得这一天过得没有意义。

人生在世，需要别人的鼓励和赞赏，但不需要自夸。别人的赞赏是前进的动力。我们都知道，人生很多时候不是为别人而活着。但是，如果我们的生活只有形单影只地徐徐前行，生命的航船就会失去桨声，生活的列车就会丧失轮轨的撞击。那时，没有鲜花、没有芬芳，还谈什么生命的意义！

赞赏别人是为别人鼓掌，需要胸襟与气度。很多时候，我们习惯听别人的鼓励与夸奖，却忽视自己为别人鼓掌的义务，甚而至于不愿为别人喝彩，总觉得别人的成功对自己是一大不幸。如果能真诚地为他人喝彩，其收获的不仅是别人成功的经验，还有诚挚的友谊，甚至困难时的雪中送炭。而自夸却是一种肤浅的表现，自夸的人生怕别人不知道他的一点成绩，于是一有小成绩就呱呱叫起来。之所以呱呱叫，是因为自己分量不够，叫起来才会让人知道。其实，古往今来的很多实例告诉我们，越是有本事的人越不爱张扬。

据《史记》记载，孔子曾经拜访过老子，向他请教礼仪。老子告诫孔子说："一个聪明而富有洞察力的人身上经常隐藏着危险，那是因为他喜欢批评别人。因此，一个人还是节制为好，切不可处处占上风，而应当采取谨慎的处世态度。"

做人切不可太盛气凌人，而是要谨言慎行、谦虚待人。事实上，倘若一个人能够谦虚诚恳地待人，便会得到人们的好感。若能谨言慎行，则更会赢得人们的尊重。

老子告诫世人："不自见，故明；不自是，故彰；不自伐，故有功；不自矜，故长。"而如果一个人锋芒毕露，一定会遭到别人嫉恨和非议，甚至引来杀身之祸。古今中外，这种例子比比皆是。比如，三国时期，杨修是位很有名气的才子，只因数次冒犯曹操而被杀。后人有诗叹杨修："身死因才误，非关欲退兵。"杨修之死给我们留下了重要的启示：其一，才不可尽露；其二，事不可点破。有些帝王将帅不喜欢别人胜过自己。例如，乾隆皇帝好卖弄才情、吟诗作赋，他经常出些辞、联考问大臣们。而大臣们明知道很浅，却故意装作不知。

在日常生活中，我们往往会遇到以下问题：有一些事，人人已想到认识到，却无一人当众说出来。这些人并非傻子，而是学聪明了。人所共欲而不言，言者乃大傻也。杨修是历史上的一面镜子，他的死虽然可惜，可他的死确实使后人清醒。我们一定要接受历史教训，自夸者不长。

人是爱慕虚荣的动物，这就决定了每个人都很容易自夸。有智慧的人会因他的智慧自夸，有勇力的因他的勇力自夸，有钱财的因他的财物自夸，照样还有人为有其他的长处而自夸，甚至没有什么长处的，也要找出一些特点来自夸。自夸其实就是以自己为中心，只求自己的满足；是将一切荣耀归于自己，是将别人压下、降低，高抬自己；是浅薄，是自私。在佛教里，自夸和佛家倡导的众生平等、尊重他人的平等思想相违背。故而，佛家力戒自夸，视自夸为浅薄。

石霜禅师门下的两个禅客这天来到沩山，大言不惭地说："这里没有一个人懂禅。"

仰山禅师在一旁听到，微微一笑。

后来，大家搬柴的时候，仰山禅师看见这两个禅客在休息，便拿起一根木柴，问道："你们说得出吗?"

两个禅客无言以对。

仰山禅师挖苦道："别说这里没有人懂禅了。"

晚上，干完活回去之后，仰山禅师对灵祐禅师说："今天那两个禅客被我验出破绽了。"

灵祐禅师便问："怎样被你验出破绽的?"

仰山禅师得意地把情况说了一遍。

灵祐禅师听后说："你又被我验出破绽了。"

无独有偶，宋代大学士苏东坡也因为自夸被佛印禅师狠狠地嘲弄了一番。

苏东坡曾在江北瓜洲任职，和江南金山寺只一江之隔，他和金山寺的住持佛印禅师经常谈禅论道。一日，苏东坡自觉修持有得，撰诗一首，派遣书童过江，送给佛印禅师印证。

佛印禅师从书童手中接过苏东坡的诗，见上面写着："稽首天中天，毫光照大千；八风吹不动，端坐紫金莲。"

所谓八风，是指我们生活上所遇到的"称、讥、毁、誉、利、衰、苦、乐"八种境界，它们能影响人的情绪，故形容其为风。

佛印禅师读了读，拿笔批了两个字，就叫书童带回去。

苏东坡以为禅师一定会赞赏自己修行参禅的境界，急忙打开禅师的批示，一看，只见上面写着"放屁"两个字，不禁无名火起，立刻乘船过江找禅师理论。

船快到金山寺时，苏东坡便看见佛印禅师站在江边等他。苏东坡一见禅师，就气呼呼地说："禅师！我们是至交道友，我的诗，我的修行，你不赞赏也就罢了，怎可骂人呢?”

禅师若无其事地说：“骂你什么呀?”

苏东坡把诗上批的“放屁”两字拿给禅师看。

禅师呵呵大笑说：“哦！你不是说‘八风吹不动’吗？怎么‘一屁就打过江’了呢?”

苏东坡闻言，惭愧不已。

人生活在社会中，彼此之间难免存在利益的冲突、思想的分歧，但具有一致的目标、相通的感情，更需要相互的支撑、相互的理解。“尺有所短，寸有所长。”在我们周围，无论是上级、同事，还是下属、朋友，都有可以欣赏的亮点，都有可以学习的地方。所谓“三人行，必有我师焉”，说的就是这个道理。故而，一个真正的智者不会去自夸——他不会以压低别人来抬高自己，只会去欣赏别人——以抬高别人、庄严别人来抬高自己、庄严自己。

一个人懂得欣赏别人，在把慰藉和力量给了他人的同时，也把激励和鞭策给了自己。因为在欣赏他人的过程中，自己往往也能以人为镜，看出不足，找出差距，从而不断提高素质能力和修养水平。相反，一个喜欢自夸的人，在压低别人、抬高自己的同时，也显示出自己的浅薄和无知。禅客大言不惭地蔑视他人，已是浅薄，而仰山禅师在灵祐禅师面前夸耀自己，同样也是浅薄。苏东坡的自夸就更不用提了，也是浅薄。

糊弄工作是对未来不负责

有这样一则寓言：

老农夫一直用牛和骡子一起耕地。耕作工作相当辛苦，年轻的小牛对骡子说："今天我们装病吧，休息休息。"老骡却答道："不行呀，我们还是努力把工作做好吧，因为耕种的季节很短呀，做完了就可以好好休息了。"但小牛不听，最后还是装病休息。为此，农夫给它弄来新鲜的干草和谷物，尽量让它舒服些。等老骡耕种回来，小牛便向老骡询问地里的情况。"没有我们在一起时耕得多，"老骡回答道，"但也耕了不小的一段距离。"小牛又问老骡："主人说我什么没有？""没有。"老骡回答。第二天，当老骡从田间回来时，小牛又问老骡："今天怎么样？""还不错，我认为。"老骡答道，"但耕得还不是太多。"小牛又问道："主人说我什么了？""啥也没有对我说，"老骡说，"但是，他却和屠夫说了好长时间的话。"

的确，糊弄工作、投机取巧也许能让你获得一时的轻松，但从长远来看，对你有百害而无一利。小牛自以为很聪明，觉得装病偷懒占了不少便宜。其实，它不懂得任何东西都有存在的价值，当你没有价值的时候，灭亡只是时间问题了。

在职场中，我们经常会见到一些公司出现过这样一种场面：员工抱怨老板太苛刻，整天像监工一样监督自己；老板则抱怨员工不能自动自发干活，没有监督就糊弄工作。确实，有些老板过于苛刻，他们时刻盯着员工的一举一动。但是，作为员工，我们是否也应该自我反省一下？任何人都无法否认，糊弄工作是如此普遍地存在于各个公司和组织之中，已经成为当今社会的痼疾。世界上绝顶聪明的人很少，绝对愚蠢的人也不多，一般人的智商都相差不大，拥有正常的能力与智慧。但是，为什么成功者能取得成功呢？世界上很多人看起来是很有希望成功的。在很多人的眼里，他们能成为而且应该成为各种非凡人物。但是，他们最终并没有成功。原因何在？一个最重要的原因就在于他们糊弄工作，不愿意付出与成功相应的努力。他们希望到达成功的顶峰，却不愿意经历艰难的攀登；他们渴望取得胜利，却不愿意做出牺牲。糊弄工作、投机取巧似乎成了一部分人的工作心态，而成功者总能够超越这种心态。

在工作中，如果总是试图糊弄工作，可能表面上看起来会节约一些时间和精力，但结果却往往浪费了更多的时间、精力和金钱。不少人都听过这样一句话："今天工作不努力，明天努力找工作。"据此，我们也可以做出这么一个推断：如果今天你糊弄了自己的工作，那么明天你就有可能成为公司裁员的对象。

所以，在工作时请安心工作，不要用抱怨、挑剔、计较、叫苦来折磨自己。一心扑在工作上，心无旁骛，专心致志，一直只关心一个话题——工作。你的心会很安定。这就是中国禅宗中所说的"平常心"，也是儒家说的"知止而后定，定而后能静，静而后能安，安而后能虑，虑而后能得"。中国道家讲的"止于至善"也是这个意思。以正确的态度对待工作，随时随地求进步，以满怀激情和富有兴趣的心理状态对待每一件事情，做事力求完善，这样不仅能得到应有的报酬和晋升的机会，还会得到更有价值的东西——才能的表现、经验的积累、品格的锤炼和知识的增长。

小金在一家研究所工作，该研究所很多人都拥有比他高的学历。然而，他们并不太敬业，对本职工作应付了事，闲暇时不是玩乐就是在外边兼职赚外快。他们工作了很长时间，却没取得理想的成果。小金扎扎实实地工作，刻苦钻研业务。当别人都去吃喝玩乐时，他还在办公室里冥思苦想，在实验室里亲手实验。功夫不负有心人，他的研究终于出了成果，不仅发表了几篇很有影响力的论文，还成功地申请到专利，为研究所申请到更多的项目和基金。很快，他在员工中脱颖而出，受到领导的重视，成为所里的“顶梁柱”。

所以，一个人无论担任何种职务，做什么样的工作，都应当尽职尽责去完成，这是工作法则，也是道德法则，还是社会法则。我们每个人都在自己的工作中担当着不同的角色，从某种程度上说，对角色饰演的最大的成功就是对责任的完成。

你可能是一名普通的员工，你的工作可能只是一点小事情，但一样需要你尽职尽责地将其做好。只有每个人的工作都做好了，公司的整个运营才能顺利进行。

你在羡慕别人青云直上的时候，只是怀着嫉妒进行自我安慰和麻醉，认为那只是别人的运气而已，借此来平衡自己的心态。其实，别人得到晋升，是他们知道“业精于勤，荒于嬉”。他们明白，只有全力以赴、尽职尽责，才能使自己渐渐获得晋升的机会。

作为企业里的员工，永远都要有精益求精、追求完美的敬业精神，努力把工作做得更好。这时因为，企业就是在不断追求完美中发展的，自我满足就意味着停滞不前，就意味着被社会所淘汰。一个员工如果满足于目前的水平，就会故步自封，难以突破自我，慢慢地就会逐渐找不到自己的位置。

先放下优越感，再找工作

初入职场，好高骛远是很多年轻人的通病。特别是那些刚刚踏入社会门槛的大学生，由于待遇高的职位相应的要求也比较高，企业不愿意把这些职位交给涉世未深的大学生，而对一些较低的职位，大学生又不屑一顾。殊不知，正是这样的偏见才让他们在不起眼的小职位上待了更长时间。

不少大学生刚开始工作时，带着“天之骄子”的优越感，对自己的期望特别高。在他们看来，自己是“人才”，是“受过高等教育的人”。因此，在工作中，应当受到重用，应当得到丰厚的报酬。但是，抱有这样观点的大学生往往会在现实中碰壁。

名牌大学毕业的刘薇，在校园里是一个风云人物。在大学里，他是系学生会主席，曾组织过多次大型校内校外的活动，并利用假期，参加过许多社会活动。他自认为有很强的组织能力和领导才能。但他在应聘第一家公司的时候，就碰了壁。这是一家大型跨国公司。他面试的时候，就把他自己在大学里的成绩以及对自己的评价以一种自信的姿态说了出来，希望先声夺人，给对方留下一个好的印象。但招聘人员却淡淡地问他：“如果我安排你去我们的机修车间干一段时间，你接受吗?”刘薇认为他们在试探他，便说：“我的目标不是做机修工，但我会努力去做到最好，直到你们满意。”

招聘人员微微点头：“好，你到公司培训过后，就去机修车间。”刘薇没想到对方真让自己去机修车间，他有点急了：“但是，我觉得这样的工作不需要像我这样的人才去做，这是人才浪费！我完全可以做比机修更重要的工作。”

对方说：“在我们公司，没有一份工作不重要，也没有更重要的工作，只有重要的工作。我问你一个问题，在我们公司所生产的产品中，你熟悉哪一种产品？”刘薇哑口无言。招聘人员客气地对他说：“欢迎你参加我们公司的下一次应聘，请下一位进来！”

像刘薇这样的例子实在太多了，他们都是“嫌弃”工作而找不到就业门路的大学生。好高骛远、不讲实际是导致他们“失业”的原因。

事实上，刚进入社会的年轻人没有经验，又对社会不够了解，所以是不可能被委以重任的，他们也没有这个能力。他们需要在工作中一步步地磨炼，逐渐成熟后才可能得到他们想要的结果。每个年轻人都是要从底层做起的。每一个人都希望自己能及早成功，一开始就能够担当重任，取得成就并获得别人的认可和尊重。但是，这样的机会几乎没有可能。不可能一开始就让你做高职位，任何一个人都要从底层做起。如果你不愿意从低做起，你就会连从低做起的机会也丢掉。这个时候，你还哪里有可能去做到更高的职位呢？对于我们大多数人来说，从底层开始，一步一个脚印地向上走，才是正道。

从底层做起并不是一件可耻的事情，相反，是我们的必经之路。事实上，很多成功人士都是从底层开始做起的。且不说成龙、周星驰这些影视明星，看看商场上那些叱咤风云的人物，哪一个不是从无人问津的小角色开始自己的成功之路的？华人首富李嘉诚就是在一家钟表公司从底层做起，之后又到一家塑胶厂当推销员，他的成功就是这样一点一点积累起来的。那些光彩夺目的影视明星，如果不是那些跑龙套的经历，他们能够做到现在的程度吗？答案是否定的。

所以，每一个员工在开始的时候都要从底层做起。因为这个时候，我们的价值也就配从底层做起。虽然你有很高的文凭，虽然你相信自己是天才，但所有这些都没有经过实践检验过。事实上，你对自己所要做的事情一无所知。要想有所知，就只有通过从底层做起，才能获得那些我们做工作所必需的经验、知识和人际关系。

好形象营造大气场

在人际交往中，一个人的外在形象在很大程度上反映了一个人的社会地位、身份、职业、收入、爱好，甚至一个人的文化素质及思想情感等非文化心理的非语言信息。一个衣着得体的人，总能赢得大家的好感。同样，一个体形臃肿、衣着缺乏品位和姿势不雅的人，只能为自己带来很多不必要的负面影响。

每个人都有以貌取人的势利天性，你的外在形象也会直接影响别人对你的印象。如果你穿得有品位，无形中就抬高了自己的身价，办起事来也会容易得多。好的外表自己会说话。穿着得体的人给人的印象就好，它等于在告诉大家："这是一个重要的人物——聪明、成功、可靠。大家可以尊敬、仰慕、信赖他。"反之，一个穿着邋遢的人给人的印象就差，它等于在告诉大家："这是个没什么作为的人，他粗心、没有效率、不重要，他只是一个普通人，不值得特别尊敬他，他习惯不被重视。"

良好的形象是美丽生活的代言人，是走向人生更高阶梯的扶手，是进入成功神圣殿堂的敲门砖。保持良好的自我形象，既是尊重自己，更是尊重别人。良好的形象是成功人生的潜在资本。好形象可以增强自己的自信，并通过美丽的外表及美丽的行为来塑造自己美丽的内心。对他人而言，能够比较容易地赢得他人的信任和好感，同时吸引他人的帮助和支持，从而促进自己事业的成功，使自己的人生更加顺达。

一个注意形象并自觉保持好形象的人，总能在人群中得到信任，总能在逆境中得到帮助，也必定能在人生的旅途中不断找到发挥才干的机会。最终做到时刻用自己的风采美丽影响别人，活出自我真正精彩的人生。好形象是人生的一种资本，充分利用它不仅能给你的日常生活添色加彩，更有助于你的人生一帆风顺。

一个人如果想让自己在其他人眼里看起来是美的，只有一个方法，就是要科学而理性地找到自己的美丽规律，对自己进行形象设计并沿着这个规律装扮自己，让自己的形象给人以舒服、美丽的感觉，一个人通过科学的方式用形象唤起周围人对他的美好感觉，他可以完全自信地给自己打 100 分甚至更多。人们是通过我们的穿戴来试图猜测我们身后那些无法直接表现出来的东西，进而判断每个人的价值。形象设计并不仅仅局限于适合个人的发型、化妆和服饰，也包括内在的性格、外在表现，如气质、举止、谈吐、生活习惯等。一个人平时的一言一行，一举手一投足，都会折射出他的素质修养品行，都将影响到别人。每个人都希望给对方留下亲切善良、聪慧正直、才学渊博的印象，所以都必须通过自己的一言一行体现出来，争取在表现自己的魅力中把它发挥得淋漓尽致。

在现实生活中，好形象不仅仅是外表的美丽，更重要的是内在素质和修养的体现。一个人的形象主要体现在两个方面：外在条件和内在素质。外在条件指的是人的自然容貌和身材；内在素质指的是人的内涵。

我们常看到有的人外表装扮诱人，一经接触才发现表里间距极大。有的人内在丰厚，名衔很大，但外表相对落差很大，令人惋惜。一个人的外在与内在越接近，个人价值的体现就越接近于最大化，发展得就越好。因此，我们不能让内在与外在有太大的差异。每个人要想时刻拥有美丽，只能内外兼修。你的形象正告诉人们关于你的一切：你穿的衣服关乎你的价值，你化的妆关乎你的品质，你梳的发型关乎你的品位。因此，你的形象关乎你的一切价值。

在实际生活中，每个人应当随时随地通过一言一行体现出一个人的修养水平，与别人相处，表现得热情而不是轻浮，大方而不是傲慢。要有独立的人格和思维能力，绝不伪装自己，也不怪罪别人，要勇于承担责任，要坦诚地面对自己：身处逆境时面带微笑；受到委屈时不失风度；出现误会时能宽容别人……多一份修养，就多一种人生的崇高完美；多一份修养，就多一份生活的纯真愉悦。所以说，修养不仅使自己变得美丽，而且还能给予他人享受与欢乐。每个人要从生活中领悟美的真谛，把美丽的外貌和美丽的气质、美的德行与美的语言结合起来，展现出人格气质，体现出一个完整的美好形象来。

一个人能否把自己的健康状态和内在能力结构精准地从外在上表达出来，直接关乎你的资源总值在社会上的评估结果。无论你是大人物还是小人物，外在形象都会和人的命运、事业密切相关。因此，形象问题既决定了个人机遇、好运对你光顾的频率，也决定了你对人生质量的取舍。总之，你的形象关乎你的一切价值。

所以，形象在社交生活和个人事业中都起着至关重要的作用，形象是一个人在社会生活中的广告和名片。每个渴望成功的人都应该善于利用自己的形象资本，树立形象意识，从一点一滴做起，逐步塑造自我的好形象，并充分运用形象这个好武器去开拓和创造自己辉煌的事业和完美的人生。

有责任心，工作就不会是负担

《致加西亚的一封信》是19世纪最畅销的书籍，曾被日本天皇下令，每一位政府官员、士兵甚至平民都要人手一册。在这本书中，主人公罗文之所以在困难重重中能够把信送给加西亚将军，是因为他知道自己所肩负的是一场战争的胜败，一个国家兴亡的重大责任。正是这种强大的责任心，提高了他完成任务的勇气和决心，增强了他的执行力。同样，一个团队的每个部门、每个岗位都是相互关联、相辅相承的。如果团队中成员都富有责任心，这个团队也将会涌现出很多能够把信送给加西亚的人，所做的工作让自己满意、同事满意、主管满意。团队的执行力、工作水平、工作质量就会不断地得到提升，自己的业务综合素质得到增强。

什么是工作责任心呢？所谓工作责任心，就是为完成工作而保持高度热情和付出额外努力，自愿做一些不属于自己职责范围内的工作，善于团队合作共同完成一项目标，遵守团队的各项规章制度，努力实现团队的工作目标。简而言之，工作责任心就是对他人的支持、对集体的忠诚、对工作的积极态度，是人对待工作的一种态度。因此，工作责任心并不是完成自己的任务这么简单，而是在按照制度完成本职工作后善于与人合作，帮助他人完成任务从而达到共同目的。那么，在实际的工作中，怎样才能增强工作责任心呢？

首先，要树立正确的世界观、人生观、价值观。人生的价值，不在于地位的高低、财富的多少，而在于他在社会中所体现的价值。如果每一个工作者都能真正地认识自己的世界观、人生观、价值观，他必定会有一种自我的责任感去约束自己把工作做好。

其次，要有严谨的工作作风。一个成功的人不应该优柔寡断，而应该坚持自己的作风。有了严谨的工作作风，对任何工作都会圆满完成，总会想各种办法达到最初制定的目标。如果每一项工作都按照严谨的工作作风来工作，对待事业兢兢业业、一丝不苟、执着、认真、负责、敢于担当，那才是真正地实现人生价值。

最后，要勤于学习、善于思考，保持良好的精神状态。“业精于勤，荒于嬉；行成于思，毁于随。”一个人要在工作中取得理想的成绩，他必须经过努力奋斗，才能做到精。梅花香自古寒来，宝剑锋从磨砺出。在工作中，应养成勤于学习、善于学习的习惯。在学习中思考，在思考中学习，通过不断要求自己进步，保持积极向上的良好心态，才会让工作干起来更有劲！

带着责任心去工作，需要有一种敬业精神。正确的工作理念是转变观念的基础，也是工作的动力。在此基础上，才会有合乎实际的心态，才会以正常的心理对待工作、对待同事、对待人生。因此，我们要踏踏实实地立足工作岗位，在工作中投入热情和智慧，而不是被动地应付工作。要在工作中增强责任感，不要机械地完成任务，要有创造性地、主动地工作。

带着责任心去工作，还要把工作的环节视为机会，视工作为事业。机遇偏爱有准备的头脑，不要抱怨没有机会。在工作中充满机会，问题是怎么对待。脚踏实地的耕耘者总能在平凡的工作中创造机会，抓住机会，从而实现自己的梦想。因此，我们要争取每天比别人“多做一点”，每一天都要尽心尽力地工作，每一件小事情都要力争高效地完成。尝试着超越自己，努力做一些分外的事情，让自身不断进步。只要在工作岗位上把自己的事做得比别人更好、更有质量、更有效率，敲响成功之门的日子就为期不远了。

带着责任心去工作，也要坚持学习。俗话说得好：“根深才能叶茂，水厚方能负大舟。”如果沉溺在对昔日以及现在的自满、自足中，各种能力的发展便会受到阻碍，这是对自己的不负责任。因此，我们要不断对工作投注新力，不断学习、充实自己，使自己不断地向“博学多才”这一目标靠拢，成为“学习型”的人，使自己的工作永远精准无误。

一位先哲曾说过："如果有事情必须去做，便全身心地投入去做吧!"另一位先哲则说："不论你手边有何工作，都要尽心尽力地去做!"那些做事情不能善始善终的人，其心灵亦缺乏相同的特质，就是不会培养自己的个性，意志无法坚定，无法达到自己追求的目标。一方面贪图玩乐，另一方面又想修道，自以为可以左右逢源的人，不但享乐与修道两头落空，还会悔不当初。所以，作为一名员工，要想在公司处于无可取代的地位，你只有以最大的责任心和最认真的训练有素的技能尽职尽责，为公司充分发挥自己的力量。在现代社会里，责任感很重要，对于家庭、公司、社交圈都是如此。

一个人无论能力大小，只要你能够勇敢地担负起责任，认认真真地做好分内工作，完成领导交给的各项工作，你所做的一切就有价值，就会成功，就会获得尊重。所以，没有做不好的工作，只有不负责的人。

从职业中发现事业

在现实生活中，很多人都为找不到一份满意的工作而苦恼，觉得待遇太低，觉得对工作缺乏激情。还有些人纯粹是为了工作而工作，结果是既浪费了时间，也耽误了自己。

其实，每一个人不可能完全把握自己的未来，因为未来发生的事不是个人所能掌控的。这就决定了我们在选择职业的时候多多少少会有一些盲目性。也就是说，在你还不太了解的情况下已经选择一份职业，或许是为了生存，或许是为了理想。总之，你已经踏上职场的道路。既然入了门，就应该想着如何把自己的工作做好，即使你不喜欢这个职业，也要尽职尽责地把本职工作做好。做好自己的本职工作就可称为敬业。如果一个人带着敬业的态度去工作，他就一定可以把工作做得更出色，甚至从所从事的职业中发现自己一生的事业。

所谓敬业，就是专心致力于工作，千方百计将事情办好。只有对职业有一种敬畏的态度，将自己的职业视为自己的生命信仰，那才是真正掌握了敬业的本质。当敬业意识深植于我们脑海里，做起事来就会积极主动，并从中体会到快乐，从而获得更多的经验和取得更大的成就。作为职场人士，没有理由不去理解什么是敬业、怎样去敬业的问题。懂得敬业、能够敬业是一个人在职场中提升自己、发展事业的前提。敬业所表现出来的积极主动、认真负责、一丝不苟的工作态度，是职场人士所应当而且必须具备的品质，它是创立最佳工作业绩的有力保障。

任何一个想要在激烈的市场竞争中取胜的团队都必须设法使每个员工敬业。不敬业的员工无法给顾客提供高质量的服务，也难以生产出高质量的产品。推而广之，一个国家如果想立于世界之林，必须使其全民敬业；警察应该尽职尽责维护社会的安定以及人民生命和财产的安全；行政官员应该勤政为民并制定和执行有利于广大民众的政策；教师应该兢兢业业地教书育人……只有每个人都做一行爱一行，才能被称为敬业的社会。

但是，有些人却不知道敬重自己的工作，他们只是把工作看作换取食物、衣服、房子、车子等消费品的手段，认为工作是不得已而为之的苦役，而不是将其当作锻炼自己能力和培养品格的社会大学。工作本身是我们人格品性的有效训练工具，而企业就是我们生活中的学校。有益的工作能够使人丰富思想，增进智慧。不过分计较一时的利益得失，保持平和的心态，把自己岗位上的职责做到最好，这是敬业的一个基本要求。一个人只有掌握好一个行业的基本知识，才能有利于将来的长足发展。

有些工作从表面看，也许索然无味。一旦深入其中，你就会认识到其不同凡响的意义。因此，当老板交给你一项极平凡、极不起眼的工作时，你一旦从它的外在表象中洞悉其中不平凡的本质后，你就会从平庸的境况中解脱出来，不再有劳碌辛苦的感觉，厌恶的感觉也自然烟消云散。当你圆满完成这些“平凡”的工作后，你自然就超越了其他同事，迈出了成功的第一步。

在荷兰，一个刚初中毕业的青年农民在一个小镇找到了门卫工作。他在这个岗位上一干就是 60 年。在这个清闲的岗位上，他没有悠闲，而是选择了打磨镜片，一磨就是 60 年。他是那样的专注和细致，技艺超过了专业水平，磨出的复合镜片的放大倍数比专业人士都高。借助他磨的镜片，他终于发现了当时世界还不知晓的另一个广阔的世界——微生物世界。他获得了巴黎科学院院士的头衔，英国女王亲临小镇去看望他。他老老实实地把手中的镜片磨好，不仅成为了科学家，而且因为专注和劳动，也确保了健康，他活了90岁。

所以，不管你从事什么样的职业，唯有敬业，才能在自己的领域里出类拔萃，才能实现自己的人生价值。一个人工作时所具有的精神，不但会影响工作效率和质量，而且对其品格的形成也大有影响。一个勤奋敬业的人也许并不能立刻获得上司的赏识，但至少可以获得他人的尊重。那些投机取巧之人即便利用某种手段暂时谋取到些许利益，但往往被人视为人格低下，这也会在无形之中给他们的成功设置障碍。

在那些认真做好自己工作的人和凡事得过且过的人之间，最根本的区别在于：前者懂得为自己的行为结果负责，他们知道好的工作表现才是使自己凸显出来的根本；而后者却总是对工作敷衍了事、心不在焉，更不会全心全意投入到工作中。

其实，在我们所从事的工作中，包含了智慧、热情、信仰、想象和创造力。成功之人总是在工作中付出双倍甚至更多的智慧、热情、信仰、想象和创造力，而失败之人却将这些深深地埋葬起来，他们有的只是逃避、指责和抱怨。

在现代职场中，我们会发现，许多员工常常认为只要自己每天准时上班、按时下班，不迟到、不早退，就是完成了工作，就可以心安理得地去领工资。可以想象，这样的员工只是被动地应付工作，为了工作而工作。所以，他们不可能在工作中投入全部的激情和智慧。他们只是在机械地完成任务，而不是去创造性地、自动自发地工作。

应该明白，那些每天早出晚归的人不一定是认真工作的人，那些每天忙忙碌碌的人不一定是优秀地完成了工作的人，那些每天按时打卡、准时出现在办公室的人不一定是尽职尽责的人。对他们来说，每天的工作可能是一种负担、一种逃避，他们并没有做到工作所要求的那样尽职尽责。对每一个企业和老板而言，真正需要的不是那种仅仅遵守纪律循规蹈矩，却缺乏责任感的员工。对个人而言，敷衍工作，你错过的将是学习人生经验和生存手段的一次难得机遇。

做好人生规划，谨慎选择跳槽

最近，一项关于员工忠诚度调查所得的数据显示，一生一份工作的想法已经过时。66%的受访者认为，一生究竟该从事多少份工作需要看个人的机遇。但没有一个人认为，一生只需一份工作。最有弹性的回答是2～5份，27%的人选择了这个答案。

有意思的是，在所有受访人中，有54%的人在目前公司才待了一年不到，而48%的受访者甚至没有跳槽经历。这说明，参与调查的群体大多是刚参加工作不久的大学毕业生，而他们代表的正是年青一代职场人的普遍思维。而这也正是导致“跳槽”这个词近几年在我国特别得宠的原因。许多年轻人都把“跳槽”挂在嘴边，只要别的单位的待遇比现在的好，就立刻“跳槽”。其实，“跳槽”的风险也很大，若无大决心、大魄力，最好不要轻率为之。

很多人的第一个工作是在匆忙之中选定的，为了生活嘛，顾不了那么多。这个工作一日一日地做下去，一年、两年过去了，人混熟了，经验也有了。有的从此安安分分地上班，以求生活稳定；有的为了寻求较好的待遇和工作环境，运用已学到的经验，自己创业当老板；有的则转行，到别的行业试试运气。

“跳槽”的想法百分之九十以上的人都有过，光是想当然没什么关系。如果不只是想，还真的要跳，那么劝你还是三思而后行。并不是说“跳槽”的人必定失败，天底下没有这么绝对的事。而事实上，“跳槽”后更发达的人也不少。但话说回来，“跳槽”后成就不如老本行的人也很多。这些人有的还不死心地期待“明天会更好”，有的则早已向后转，回到老本行去了。也许你会说：“我没有看到‘跳槽’后失败的人。”但真相是：人都好面子，他“跳槽”失败会告诉你吗？

那么，“跳槽”之前要“三思”，“思”什么呢？

第一，我的本行是不是没有发展了？同行的看法如何？专家的看法又如何？如果真的已无多大发展，有无其他出路？如果有人一样做得好，是否说明所谓的“无多大发展”是一种错误的认知？

第二，我是不是真的不喜欢这个行业？还是这个行业根本无法让我的能力得到充分的发挥？换句话说：越做越没趣，越做越痛苦。

第三，对未来所要转换的行业的性质及前景，我是不是有充分的了解？我的能力在新的行业是不是能如鱼得水？而我对新行业的了解是否来自客观的事实和理性的评估，而不是急着要逃离本行所引起的一厢情愿的自我欺骗？

第四，“跳槽”之后，会有一段时间青黄不接，甚至影响到生活，我是不是做好了心理准备？如果一切都是肯定的，那么就可以“跳槽”。不过，有很多事情常出人意料。事先的评估和判断都很好，真正做下去才发现不如预期的那么顺利和乐观，转行也是如此。

因此，除非真的迫不得已，还是别“跳槽”，理由如下：

第一，做事靠经验，经验则是累积来的，而不是可以从速成班学来的，速成班教的都是些皮毛而已。如果你挑的是和本行毫无关系的行业，等于是又把过去的专业知识全部丢掉，那不是很可惜吗？而且在新的行业里，你又要花很多时间重新学起，这种时间和精力浪费得相当惊人，何况还不一定学得好。

第二，做事要有成就，冲劲也很重要，而人一到了特定年龄，冲动就会减少。在要收成的年龄“跳槽”，就算有冲动，也会少了许多，守成的心态反而会让你在新的行业进退不得。于是，一转眼，光阴虚度，不堪回首。

话虽这么说，但并没有让你委屈自己老死本行的意思。不过，“跳槽”的风险毕竟太大，若无大的决心和把握，最好不要轻意去冒这个险。尤其不能听别人说哪个行业如何地好，就嫌弃起自己的本行，心动又行动。这种哪边好哪边跑的心态会让你一辈子都在“跳槽”，一辈子不得安宁。要“跳槽”，不如从老本行出发，看看与其有关的行业有哪些，等了解清楚了再跳也不迟，这样可少花很多力气。另外，要从本行的经营形态来考虑。有一句话说，“常移植的树木长不大”，说的正是“跳槽”这个道理。

“跳槽”，表面看来受损害的是公司。但深入来看，对员工自身的损害更大。因为不管是个人资源的积累，还是由此造成的“吃着碗里望着锅里”的坏习惯，这些都大大降低了员工自身的价值。那些人不明白自己真正需要的是什么，摆不正自己的位置，从而错误估计了现状。在这种情况下，跳槽就很可能不利于他们以后的发展。

许多人工作一不顺心就要跳槽，人际关系不行也跳槽，看到可以多赚几个钱的工作也跳槽，甚至没有任何原因也跳槽。在他们眼里，下一个工作肯定比现在要好，一切问题都能以跳槽的方式解决。这样一来，跳槽者的工作就是跳槽。慢慢地，他们就失去自我，失去了积极努力工作的信心。所以，当你决定要跳槽时，一定要慎重，充分考虑各方面的得失，为以后的发展更好地铺路。

第五篇

学习不宜太随意

学习，拼的是坚持

古希腊哲学家柏拉图曾说过："人生最遗憾的，莫过于轻易放弃了不该放弃的，固执地坚持了不该坚持的。"纵观柏拉图的一生，他放弃了安逸与舒适，选择了为自己的理想奔波一生。即使环境再险恶，也没有让他退却。

关于柏拉图，还有这样一个有趣的故事：大哲学家苏格拉底在开学第一天对他的学生们说："今天，你们只学一件最简单也是最容易的事。每人把胳膊尽量往前甩，然后再尽量往后甩。"说着，苏格拉底示范做了一遍，"从今天开始，每天做300下，大家能做到吗？"

学生们都笑了，这么简单的事，有什么做不到的。过了一个月，苏格拉底问学生："每天甩手300下，哪个同学坚持了？"有90%的学生骄傲地举起了手。又过了一个月，苏格拉底又问。这回，坚持下来的学生只剩下八成。一年过后，苏格拉底再一次问大家："请告诉我，最简单的甩手运动，还有哪几个同学坚持了？"这时，整个教室里只有一个人举起了手，这个学生就是后来成为古希腊大哲学家的柏拉图。

生活中，凡事有所成者，必是学有所成。学习是增长知识、提高修养、坚定信念、提升精神境界的一个重要途径，更是胜任工作的必然要求。知识改变命运，学习创造未来，学习贵在坚持，学习重在习惯。学习时，每个人都会有自己的学习目标，很多人还制订了详细的学习计划，但很少有人把自己的学习计划坚持下去。通常是刚开始的时候，每天都能坚持学习。坚持一段时间之后，就会遇到各种各样的事情。然后，就会由每天变成两天或三天甚至更长的时间。慢慢会发现，自己已经放弃了自己的学习计划。这种事情很多人都会遇到，而放弃的原因总是多种多样。这里可以借用一句话，如果你不想做一件事，你一定会找到一个借口。

每天坚持学习的最好方法，就是把学习变成一种习惯。相关科学研究发现：一个人一天的行为中大约只有5%是属于非习惯性的，而剩下的95%的行为都是习惯性的。当花上一段时间把你的学习计划变成自己的习惯之后，你就会发现自己离目标越来越近。不少人听说过21天左右能形成一个新习惯的说法，但这只是一个大概的情况。这个周期根据不同的人和习惯而变化，从几天到几个月不等。不管这个周期要多长时间，一般都要经过三个阶段：

第一阶段："刻意，不自然。"这一阶段需要做的是，刻意提醒自己改变，会觉得有些不自然、不舒服。

第二阶段："刻意，自然。"当你已经觉得比较自然，比较舒服了，但一不留意，你还会回复到从前。这是因为，还需要刻意提醒自己改变。

第三阶段："不经意，自然。"其实，这一阶段就是已经养成习惯了。所以，这一阶段也被称为"习惯性的稳定期"。一旦跨入此阶段，你已经完成了自我改造，这项习惯已成为你生命中的一个有机组成部分，它会自然地不停地为你"效劳"。

以下几个建议可以帮助你更好地养成习惯：

第一，每天的时间要适度，找到适合自己强度的时间。你需要根据自己的实际情况来调整每天的学习计划。你以前从来没有连续学习一个小时以上，就不要制订一个每天学习2～3个小时的学习计划。你可以把它变为每天学习半小时或一个小时，再把半小时或一个小时的学习时间拆分为每次10分钟或20分钟，更容易每天坚持下去。

第二，把每天的学习计划放在首要位置。你可以每天早上提前起来10分钟或半小时，用来完成学习计划。尽量把每天的学习计划放在第一件要做的事情。你可以充分利用早上的时间来完成你的学习计划。

第三，充分利用零散时间来完成你的计划。有时候，你会发现自己很忙，无法拿出整天的时间来学习。这时，你可以学习利用零散的时间段来完成你的计划。如上下班坐车的时间、午饭时间、排队的时间等一些小块的时间。

学习不是三天打鱼，两天晒网。即使你拥有一个良好的学习心态和有效的学习方法，如果只是一曝十寒，那也无法到达事业的高峰。任何事业的成功，都不可能一帆风顺，都会遇到各种意想不到的挫折和障碍，有时还难免会失败。这时的关键就在于要知难而进，不因失败而灰心、失望。英国哲学家罗素说过："伟大的事业是根源于坚韧不拔地工作，以全副的精神去从事，不避艰苦。"有了这种"不避艰苦"和"坚韧不拔"的精神，才能获得真知。坚持学习不仅是对求学者自身学习的一个要求，其实也是对其生活态度的要求。坚持学习同样运用于生活中，所谓"活到老，学到老"。其实，这里的"学"不单单指的是理论学习，也包括生活态度的学习、为人处世的学习等。我们要培养自己有做任何事都能持之以恒的毅力，这对将来的生活或工作无疑是有百利而无一害的。

坚持是最重要的成功因素，更是上天给所有人最棒的礼物。学习过程中即使跌倒了一百次，只要你能再站起来，大声说："我还要继续那一百零一次！我相信一定会成功！"那么，你就是坚持到最后的赢家。

主动学习，事半功倍

面对竞争激烈的当今社会，我们唯有不断学习，才能提高竞争力；唯有不断钻研，才能站稳脚跟；唯有不断提高，才不会被别人超越。职场冷酷无情，竞争规则是“强者胜”；老板需要业绩，用人标准是“能者上”。即使你曾经风光过，如果停步不前，可能很快就会被甩在后面而遭冷落，最后悲惨出局。

企业外部的环境不断变迁，企业内的人员也要跟着改变。企业需要员工掌握新技巧，以便在新的工作环境中有突出的表现。即使是最令人满意的企业，也不能凭着过去的成功驶向未来。每名员工都必须检视自己对变迁需求的反应，没有人能够退居一角只做旁观者。

学习有被动和主动之分，有“要我学”和“我要学”之别。有些人表面上也“积极”学习，但这种“积极”不是自愿的，而是外在压力促成的。事实证明，此类学习既不能持久，也不能求得真知，而且还会衍生出种种弊端。学习型的人不把学习视为一种负担、一种包袱而处处被动，而成为一种志趣、一种追求而主动促成。主动学习的过程就是从知学到好学到乐学的过程。知学、好学、乐学的核心是乐学，即对学习怀有浓厚的志趣。学习志趣已经不只是对学习的一种爱好和兴趣，而是与个人理想和目标相联系的心理稳定性和倾向性，是学习积极性最现实、最活跃的成分。一个人只有对学习产生浓厚的志趣，才能注意力集中，学习方向明确，专心志致，学而不厌，陶冶性情，求得真知。学习的志趣，来源于对未知事物的好奇心，来源于对新知识、新技能的渴求，来源于对自身发展与使命的清醒认识。一些专家研究发现，主动学习的效率是被动学习的五倍。主动学习是积极的，被动学习是消极的，做到主动学习，就是做到快乐学习。

那么，如何做到主动学习呢？

第一，激发学习动机。被动学习分为自我被动和他人被动。首先，要争取把学习由他人被动转为自我被动。如为了给父母争光而学习，为了证明自己的能力而学习，甚至可以为了获得某个心仪女孩的好感而学习，这样做往往会收到意想不到的效果，而且成绩提高很快。被动变勉强，勉强变习惯，习惯变自然，自然就会出乐趣。相信日久生情，坚持学习一个东西时间久了，就会产生感情，产生乐趣。

第二，大处着眼，小处着手。在被动学习中，通过小成就产生成就感和自信心。笔者认为，我们的学生所使用的教材应该编成小读本，大部头的书任何人看了都会头疼从而产生畏惧感。你可以把一本大书撕开成三部分甚至四五部分，每获得一点感悟、每读完一小部分书就消化掉，并加以牢记，自然就会更带劲地去学了。

第三，学乐精神。如果学习本身不能给你带来乐趣，那你就在学习过程中找乐子。宋代教育家朱熹说："玩索而有得。"他强调，要从学习中找乐趣。

第四，如果你不善于找乐子，不是一个幽默的人，那你应该是一个喜欢挑战困难的人。你可以把每一次不愿意学但不得不学的学习当作对自己的一次挑战，挑战的过程和挑战成功都是学习乐趣的具体表现。

第五，真正的主动学习来自兴趣。不但有乐趣，更要有兴趣，也就是一种发自内心的喜欢。你要寻找一个自己真正喜欢的东西去学，这是主动学习的根本。

学习是一件辛苦的事。这对于任何求学的人而言，感觉都是一样的，只是每个人对学习的态度不一样而已，这便是差距拉开的关键。学习是个人的事，需要主动和自觉，更需要有一种迎难而上的进取精神。学习确实是一件辛苦的事，但要知道这比在社会上工作要轻松好几百倍。坦诚地说，现在所学的就是为了未来能在社会上更好地生存，那学习就不仅仅是我们的学业，还是我们的求生之道。

一个有远大理想的人，他的能力随时都在提高，他做任何事都要高人一等；他总是喜欢睁大眼睛望着一切接触到的事物，务必观察思考得完全明白才停止；他随时会抓住机会学习，他认为有关自己前途的学习机会是那样重要，远在财富之上。失败的人各有失败的理由，可是，成功的人都有同一个成功的理由，那就是：他们的学习能力毋庸质疑都是优秀的！如果你不希望自己将来也加入到失败的人群中，从现在开始，就不妨让自己从知识的牢笼中走出来。根据自己的特点，仔细钻研一下，找出最适合自己的学习方法、习惯，进而培养自己的学习能力。

有学习能力的人，在成功的路途上，就会如虎添翼，而且将来的人生路途也将充满无限种可能！知识、经验和工作的技巧对于一个职业人的成长更加重要。职场上，聪明的员工会掌握每个机会学习、发展技能以及寻求挑战的任务。在不少职业中介机构的名录里，登记着无数受过教育的失业者的名字，其中大部分人都是因为自己没有进一步发展的能力而被人超越，最后丢失了原有的工作。每个人既有的知识和技能很容易过时，所以我们要“不断自我更新”才能避免工作上的危机。

学习是人生的重要功课，是获取知识的有效途径，是自我进步的重要手段。工作多年后，你就会发现，同学中有的进步了，也有的退步了。究其原因，是学习的差别造成的。由于没有主动学习日新月异的新知识，这个人就会被快速发展的社会所抛弃。

读书要有刻苦精神

古人云：“天将降大任于斯人也，必先苦其心志，劳其筋骨，饿其体肤……”社会的进步，高科技的发展，对人的吃苦精神不是要求降低了，而是要求更高了。设计电脑软件，监管安全运营设备，需要长时间的脑力劳动，来不得半点的分心、半点的马虎。攻克科技难关，进行发明创造，经常需要几天、几十天，甚至几十年如一日的实验，探索，再实验，再探索，关在实验室里，长时间得不到娱乐与享受。这些都需要职业人士具备吃苦精神。

社会竞争日益激烈，没有吃苦的精神，极易在激烈的竞争中败下阵来。一个没有吃苦精神的人，生活或学习中稍遇难题，便会产生畏难情绪。畏难情绪一经产生，他就不会去自动自发有意识地解决问题，没有意识地去培养自己的自动自发意识，这个能力与习惯的形成自然会受到影响。其实，人生的过程就是一个不断学习的过程。这个学习不是单指学校里为应付考试的学习，还指那些为了生存和适应时代的变化而学习各种知识的过程。不管你愿意不愿意，从小到老，都在学习着、实践着。可为什么有的人很成功，有的人很平常，而有的人却失败了呢？关键在哪里？关键在于是否具有刻苦学习的精神！一个善于学习的人是最有前途的人，一个善于学习的团体是富有的团体，一个善于学习的民族是令人畏惧的民族，一个善于学习的国家是兴旺发达的国家。综观世界，那些落后的国家都是不善于学习人类文明先进经验的国家。那些不进步、不得志的人，或先得志后失志又落魄的人，都是不善于学习的人。反观我国古代那些闪耀璀璨星光的历史名人，总能发现他们当中刻苦求学的例子。

明朝著名散文家、大学者宋濂自幼好学，不仅学识渊博，而且写得一手好文章，被明太祖朱元璋赞誉为“开国文臣之首”。宋濂很爱读书，遇到不明白的地方总要刨根问底。有一次，宋濂为了搞清楚一个问题，冒雪行走数十里，去请教已经不收学生的梦吉老师，但老师并不在家。宋濂并不气馁，而是在几天后再次拜访老师，但老师并没有接见他。因为天冷，宋濂和同伴都被冻得够呛，宋濂的脚趾都被冻伤了。当宋濂第三次独自拜访的时候，掉入了雪坑中，幸好被人救起。当宋濂几乎晕倒在老师家门口的时候，老师被他的诚心所感动，耐心解答了宋濂的问题。后来，宋濂为了求得更多的学问，不畏艰辛困苦，拜访了很多老师，最终成为闻名遐迩的散文大家！

学习如此重要，但要做到自觉刻苦学习却不容易。人的惰性、社会环境的影响、堕落人生观的支配等都在干扰着人，使人不想去刻苦学习。自然，他们就无法实现自己的目标，实现自己的理想。因此，学习是人生永恒的话题，学习的态度决定了学习的成就，也决定了人的生存质量。

所谓吃苦，是指多做点需要付出较多体力与脑力的事，让人们多经历一些生理与心理的磨炼。实际上，要强化一个人的“吃苦”精神，需要从小就加以培养，从日常生活的小事抓起。

下面，我们来看一下与中国有着文化渊源的日本是怎样从小培养孩子吃苦精神的。在日本，从幼儿园开始，大人们就注意培养孩子的“吃苦”意识。这首先体现在孩子的生活自理能力方面。从 3 岁开始到 6 岁，孩子必须学会做什么，保育大纲上都有明确的规定。有一家幼儿园给大班孩子做粗菜杂粮“忆苦饭”，孩子连续几天硬是不吃并且号啕大哭。园方坚持，家长也不反对，最终孩子只得“忍苦”咽下去，着实接受了一次“忆苦思甜”的教育。日本的中小学生每年都要定期举办“田间学校”“孤岛学校”的活动，组织中小学生到田间、海岛或森林“留学”，培养他们吃苦耐劳的精神和克服困难的能力。日本人风趣地称这是他们的“上山下乡”。让孩子“吃苦”，这是日本重视下一代精神教育的一种做法。

同样，处在西半球的英国对孩子吃苦精神的培养也不逊色于日本。英国有所著名的中学叫伊顿中学，学生毕业后几乎100%考入名牌大学——牛津大学，培养出栋梁无数，经验之一就是让学生吃苦。英国冬天很冷，但这所中学不设暖气，让学生只盖一条毛毯睡觉，洗澡也得用冷水。这就是刻意“苦其心志，劳其筋骨，饿其体肤”，刻意地磨炼学生。

从国外这些成功的教育经验中可以看得出来，家长不但要纠正孩子怕吃苦的缺点，还应该有意识地为孩子创设一定的吃苦环境，以培养孩子的吃苦精神。只有这样，才能促进孩子自动自发意识的提高，一个自动自发的孩子才能脱颖而出。

嫉妒别人就是糟践自己

有位名人曾说过：“嫉妒是心灵的肿瘤。”

心理学认为，嫉妒是一种不服、不悦、自惭和怨恨交织的复合情绪，埋在心里折磨自身，表现出来嫉妒他人。嫉妒的根源是自私，嫉妒心理的存在其实是反映了一个人以自我为中心的奢欲，这对一个人的发展是极为不利的。

嫉妒心是一种自私的表现，它会使人在处理问题时完全以自己为中心、情绪化反应强烈、自控能力差、缺乏理性，很难对事情的利弊做出恰当的判断。嫉妒对个人、团队、社会均起着消耗作用，是对团结、友爱非常不利的情感。从社会角度来讲，嫉妒心理的产生是差别与比较的产物，属于一种内心的心理体验。差别和比较的结果是：从差别和比较中形成心理不平衡，这种心理不平衡往往是消极的。嫉妒心理总是与不满、怨恨、烦恼、恐惧等消极情绪联系在一起，构成嫉妒心理的独特情绪。不同的嫉妒心理有不同的嫉妒内容，在四个方面表现得尤为突出，分别是名誉、地位、钱财、爱情。有的还表现为一种综合性的笼统内容，即只要是别人所有的，都在其嫉妒之内。

嫉妒的人总是拿别人的优点来折磨自己。别人年轻他嫉妒，别人长相好他嫉妒，别人身材高他嫉妒，别人风度潇洒他嫉妒，别人有才学他嫉妒，别人富有他嫉妒，别人的妻子漂亮他嫉妒，别人学历高他嫉妒……德国有一句谚语：“好嫉妒的人会因为邻居的身体发福而越发憔悴。”所以，好嫉妒的人总是 40 岁的脸上就写满 50 岁的沧桑。

心理学家的观察研究证明，嫉妒心强烈的人易患心脏病，而且死亡率也高；而嫉妒心较少的人，心脏病的发病率和死亡率均明显低于其他人，只有前者的1/3～1/2。此外，如头痛、胃痛、高血压等，易发生于嫉妒心强的人，并且药物的治疗效果也较差。

嫉妒心理是一种破坏性很强的因素，对生活、人生、工作、事业都会产生消极的影响。正如培根所说："嫉妒这恶魔总是在暗暗地、悄悄地毁掉人间的好东西。"嫉妒对人的影响有以下表现：

第一，直接影响人的情绪和积极奋进精神。

第二，容易使人产生偏见。在某种程度上说，嫉妒是与偏见相伴而生、相伴而长的。嫉妒程度有多大，偏见也就有多大。偏见不仅仅出自于一种无知，还出自于某种程度的人格缺陷。

第三，压制和摧残人才。在现实社会生活中，在对人才的评价和使用的过程中，时常受到嫉妒心理的干扰，使得有些人才得不到及时、合理的使用。

第四，影响人际关系。荀况曾说过："士有妒友，则贤交不亲，君有妒臣，则贤人不至。"嫉妒是人际交往中的心理障碍，它会限制人的交往范围，压抑人的交往热情，甚至能化友为敌。

第五，影响身心健康。妒火中烧而得不到适宜的发泄时，内分泌系统会功能失调，导致心血管或神经系统功能紊乱，进而影响身心健康。

那么，有没有什么办法帮助克服嫉妒的困扰呢？下列六种方法很值得去尝试：

第一，正确认识法。嫉妒心的产生往往是由于误解所引起的，即人家取得了成就，便误以为是对自己的否定。其实，一个人的成功不仅要靠自己的努力，更要靠别人的帮助。荣誉既是他的，也是大家的。人们给予他赞美、荣誉，并没有损害你。

第二，攻击嫉妒法。嫉妒心一有苗头，就要立即把它打消掉，以免其作祟。这种方法需要靠积极进取，使生活充实起来，以期取得成功。

第三，"想开些"消除法。人生总有不如意之事，所谓"人人都有本难念的经"即是此理。如果正处在愤怒、兴奋或消极的状态下，能较平静、客观地面对现实，是能克服嫉妒的。

第四，驱除虚荣法。虚荣心是一种扭曲的自尊心。自尊心追求的是真实的荣誉，而虚荣心追求的是虚假的荣誉。有嫉妒心理的人很要面子，不愿意别人超过自己，常常以贬低别人来抬高自己，这正是一种虚荣，一种空虚心理的需要。单纯的虚荣心与嫉妒心理相比，还是比较好克服的。而二者又紧密相连，相依为命。所以，克服一分虚荣心就少一分嫉妒。

第五，正确比较法。一般而言，嫉妒心理较多地产生于周围熟悉的、年龄相仿、生活背景大致相同的人群中。因此，要采取乐观的比较方法，将己之长比人之短，而不是以人之长比己之短。

第六，自我驱除法。嫉妒是一种突出自我的表现。无论什么事，首先考虑到的是自身的得失，因而引起一系列不良后果。若出现嫉妒苗头时，记得自我约束，摆正自己的位置，努力去除嫉妒心态，可能会变得“心底无私天地宽”了。

此外，工作及社交中嫉妒心理往往发生在双方或多方。因此，注意自己的性格修养，尊重与乐于帮助他人，尤其是自己的对手，不但可以克服自己的嫉妒心理，而且可以使自己免受或少受嫉妒的伤害。同时，还可以取得事业上的成功，又能感受到生活的愉悦。

勤奋是成功的秘诀

古希腊喜剧诗人米南德说："勤奋可以赢得一切。"胜利和成功伴随着勤劳的人，古今中外的无数事例都印证了这条真理。

唐代书法家怀素以草书著称于世，人称"草圣"。他的草书，气势雄浑豪放，有"骤雨狂风"之势。他在寺院附近种植了一万多株芭蕉，每日采摘蕉叶练字。蕉叶用完了，就用浅色漆盘和方木板练字。写满字迹后，擦掉再练。久而久之，他竟把漆盘和木板磨穿了。寺院的墙壁上，家具上，连僧人做袈裟的布上，都写满了字。他每日勤奋刻苦练字，用秃了许多毛笔，堆集起来埋在山下，名曰"笔冢"。

通向成功的大门并不一定只有一扇，只要你肯努力，你依旧可以通过勤奋的阶梯跨过，走向成功。每一个人都熟知爱迪生发明了灯泡，却不知，在他很小时，就被冠以"一事无成"的称号。但他并不在意，依旧用心研读，努力钻研，经过不断实践，他最终发明了电灯泡。有很多人已经看到了成功的大门，却未能打开，最后碌碌无为。他们不能称为成功者，他们只是失败者。

诺贝尔奖是众所周知的一个著名奖项，这个奖项的创立者阿尔弗雷德·贝恩哈德·诺贝尔却有着传奇般的经历。诺贝尔的父亲是一位颇有才干的机械师、发明家，但由于经营不佳，屡受挫折。后来，一场大火烧毁了全部家当，生活完全陷入穷困潦倒的境地，要靠借债度日。父亲为躲避债主而离家出走，到俄国谋生。诺贝尔的两个哥哥在街头巷尾卖火柴，以便赚钱维持家庭生计。由于生活艰难，诺贝尔一出世就体弱多病，不能像别的孩子那样活泼欢快。当别的孩子在一起玩耍时，他却常常充当旁观者。童年生活的境遇，使他形成了孤僻、内向的性格。

诺贝尔 8 岁才开始上学，但只读了一年书，这也是他所受过的唯一的正规学校教育。到他 10 岁时，全家迁居到俄国的彼得堡。由于语言不通，诺贝尔和两个哥哥都进不了当地的学校，只好在当地请了一个瑞典的家庭教师，指导他们学习俄、英、法、德等语言。体质虚弱的诺贝尔学习特别勤奋，他好学的态度不仅得到教师的赞扬，也赢得父兄的喜爱。然而，到了他 15 岁时，因家庭经济困难，交不起学费，兄弟三人只好停止学业。诺贝尔来到父亲开办的工厂当助手。他细心地观察，认真地思索，凡是他耳闻目睹的那些重要学问，都被他敏锐地吸收进去。

为了学到更多的东西，1850 年，他出国考察学习。两年的时间里，他先后去过德国、法国、意大利和美国。由于他善于观察、认真学习，知识迅速积累，很快成为一名精通多种语言的学者和有着科学训练的科学家。回国后，在工厂的实践训练中，他考察了许多生产流程，不仅增添了许多的实用技术，还熟悉了工厂的生产和管理。就这样，在历经坎坷磨难之后，没有正式学历的诺贝尔终于靠刻苦、持久的自学，逐步成长为一个科学家和发明家。诺贝尔的母亲去世后，他把 30 亿瑞典币——一生的财产，全部捐献给慈善机构，只留下母亲的照片，作为永久的纪念。后人为了永远记住他，以他的名字命名的科学奖已经成为举世瞩目的最具权威性的荣誉。

不积跬步，无以至千里；不积小流，无以成江海。播下希望的种子，以勤奋耕耘的汗水来浇灌它，才能得到丰厚的回报。通往成功的路有很多，但不管多么聪明的人，要想从中找到捷径，都少不了一个“勤”字。俗语说：“勤奋是金。”大凡功成名就之人，无不与勤奋有着难解难分的缘分。勤奋是通向成功最基础、最有效的方法。

日本“推销之神”原一平在 69 岁时的一次演讲会上，在回答有人提出的推销秘诀时，当场脱掉鞋袜，将提问者请上台，说：“请您摸摸我的脚板。”

提问者摸了摸，十分惊讶地说：“您脚底的老茧好厚呀！”

原一平说："因为我走的路比别人多，跑得比别人勤。"

提问者略一沉思，顿然醒悟。

他的意思很明显，人生中任何一种成功的获取，都始之于勤而且成之于勤。也就是说，勤奋是成功的根本，是基础也是秘诀。个人的奋发向上和勤劳是必需的，任何一种杰出成就都必然与好逸恶劳的懒惰品行无缘。勤奋就是一个人的财富，它是点燃智慧的火把，是检验成功的试金石。即使是一个天资一般的人，只要勤奋地工作，也能弥补自身的缺陷，最终美梦成真。反之，如果一个人自恃"聪明"，不把勤勉努力放在眼里，日久必然难有作为。

一位成功人士曾经说过："我不知道有谁能够不经过勤奋工作而获得成功。"守株待兔的人曾经不费吹灰之力地得到一只兔子，但此后他就只有两手空空了。所以，永远不要指望不劳而获地生活。业精于勤，荒于嬉，大家务必牢记一个"勤"字。

有梦想，才有动力

有人说：“人类之所以能大幅进步，就是很多人心怀梦想，实践梦想。”也有人说：“不能实现的想法就是梦想，所以就别梦想了。”上学的时候，有些成绩好的同学说出梦想，就被老师称为有理想、有志向；而当成绩差的同学说出来时，就有人戏称他“又在做白日梦了”。很多做父母的、师长的常对小孩说，不要好高骛远，胡思乱想，先把考试考好，先把书读好。学校老师的作文题目常见的是“我的志向”，很少有“我的梦想”。我们因此无形中给了梦想一个负面印象，阻断了学生的想象空间。而这一点，在当今科学信息化时代、创新时代，对我们的发展是不利的。

生活中还有这样一些人，错误地把幻想当成了梦想，结果是精力花了不少，成功依然渺茫。梦想与幻想虽然同为人体机能的具体体现，但还是有着本质的区别：梦想，一般是自然状态下的被动的梦境；而幻想却是主动追求某种事物所产生的幻觉。无论是梦想还是幻想，都与现实相去甚远。从传统医学的观点出发，梦想是人体机能的自然反映，甚至有调节身心的作用；而幻想却是一种明显的病态，搞不好就会走火入魔而无法自拔。

梦想其实就是你内心深处期望有一天能实现的原始想法，不需要由别人来评价，你的潜力认为你有机会而形成你的梦想。所以，我们要有信心地怀着梦想。梦想也不分大小，更不分年龄、性别等因素，每个人都应拥有多个梦想。不论是追求男女朋友、求学考试、谋职创业，还是处理人际关系、升官发财，都可以作为追求实现的梦想。人不能没有梦想，没有梦想的人是没有毅力的，也是没有前途的。即使我们的梦想暂时没有实现，甚至遭到了挫折，我们也要勇于面对现实，总结经验、教训，严格按照心理预期进行操作。总之，如果将梦想与现实结合，升华为远大的理想或目标，那你成功的机会就大大增加。梦想就像我们心中的灯塔，为我们的人生指引着明确的前进方向。美国第42任总统比尔·克林顿，从学生时代就想着有一天要做美国总统。结果，他真的做了8年的美国总统。

1867年，美国国务卿威廉·苏厄德用720万美元从俄国手中买下了阿拉斯加，在国会引起激烈的辩论，有些国会议员把它说成是“苏厄德做的蠢事”。的确，当时的阿拉斯加荒凉无比，只有流沙和尘暴，只有仙人掌和土拨鼠。一个名叫沃升伯恩的议员宣称：“拥有这块俄国领土不能给我们带来荣誉、财富和力量，反而会削弱我们!”

面对人们的指责和抱怨，威廉·苏厄德只是平静地说了一句话：“对于一块土地，它的贫瘠与否并不重要，重要的是我们敢于在上面种植梦想!”今天的阿拉斯加由于其巨大的石油、天然气和贵重金属资源，已成为美国第三个最富有的州。苏厄德当年种植的梦想已结出了累累的果实。

在被称为“天涯海角”的海南岛的一座荒山上，有一种能捕鸟的大蜘蛛，俗称“地老虎”，是一种剧毒蜘蛛，号称“世界毒蛛之王”。就算一头牛被它咬住鼻嘴，也会很快死去。由于山上这种蜘蛛太多，所以人迹罕至，充满阴森之气。有个女人途经这里时，不小心被毒蜘蛛咬破了一点皮，被及时送到医院才没有丧命。从此，这里更是荒芜。那个被蜘蛛咬过的女人却无法忘记这座山，她总觉得这里有什么东西一直让她挂怀，却又想不分明。几年后，她从报纸上看到一则消息，说蜘蛛的毒液具有极高的药用价值和经济价值。她眼前立刻浮现出了那座山，灵机一动，她想在那座山上养蜘蛛。人们纷纷劝阻她，说与蜘蛛为伍总有危险的，况且提取毒液需要很高的技术。她不顾别人的规劝，毅然来到那座山上。如今，她的蜘蛛养殖场已经在山上大规模地建了起来。她的蛛毒不仅供不应求，而且每天都有人来参观她养的蜘蛛。很快，这里成了旅游胜地，她为此而成为巨富。

一个人的心有多大，他的世界就有多大。敢于梦想，才能到达希望的远方；敢于梦想，世界才会因你而改变！梦想是生活的奢侈品。但是，我们在生活中匆匆而过时，是否又会有小小的不甘与遗憾？当我们被生活所触动，梦想的种子是否能重新生根发芽？我们还年轻，稳定不该属于年轻。背负起梦想，放下一些本以为无法放下的羁绊，忘记别人告诉你的所谓生活的样子。人生需要梦想，梦想需要坚持，无数的艰辛与困难都是生命的磨刀石。即使最后没有成功，也不会有太多的遗憾，因为梦想虽然没有成就事业，但它成就了灵魂。

在当今社会中，很多年轻人缺乏梦想，而是致力于找一份安稳的工作，安稳地度过一生。有些人每天机械式挣扎在各种岗位上，或者过一种所谓“享受型”的公务员生活。还有一些奔波在见客户的路上，费尽口舌，不择手段地拉关系、拉业务，拿到别人羡慕的高工资。可实际上，他们被包围于无言的疲惫和空虚之中。我们已经麻木了，只能不断地告诉自己，生活就是这个样子的。而那些实现梦想的人，在我们眼中是遥远的，就像电影小说一样，是不可复制的。那些失败的人成为佐证。然后，我们什么都不做，所以我们是正确的。

实际上，尽管有些人不喜欢梦想，但也难免在生活和现实中被梦想。站在一个虚幻的角度，人生不就是一场梦吗？

独立思考，走别人没走过的路

爱默生说过：“思维是行动的先导。”聪明人宁可受苦也要保持清醒，宁可忍受痛苦也要思考。亿万财富买不来一个敏锐的思考头脑，而一个会思考的头脑却能让你创造亿万财富。

法国思想家帕斯卡说过：“人不过是一株芦苇，自然界最脆弱的东西。可是，人是会思维的。要想压倒人，世界万物并不需要武装起来。一缕气，一滴水，都能置人于死地。但是，即便世界万物将人压倒了，人还是比世界万物要高出一筹。因为人知道自己会死，也知道世界万物在哪些方面胜过了自己。而世界万物则一无所知。”

哲学家笛卡儿也说过：“我思故我在。”思考，被视为人之区别于非灵长类的重要理由和依据。思考可证明我们的存在，而行动则佐证我们的思考。虽说有思考力者未必都会成功，但成功者必定都会思考。纵览古今中外，但凡取得重大成就者，莫不以思考力见长，其成功之路上必定留有大量思考的深刻印迹。思考方能致远，在人类的发展史中，思考力具有极其重要的作用。比如，看到天然的森林大火而想到保存火种，进而钻木取火；利用思考的力量，人类只需挖一个陷阱，在陷阱口上盖些茅草，便能让凶猛的野兽束手就擒；利用思考的力量，人类首先在头脑中设计出千万种自然界并不存在的奇妙玩意，并把这些玩意变成现实中的东西，才得以把整个地球折腾得天翻地覆……

人类的每一种行为、每一种进步，都与自己的思考能力息息相关。离开了思考，人也就不能称其为人了。正是在这种意义上，历史上的许多学者都把“思考能力”理所当然地包括在“人”的定义里边。我们在做事时，总有很多人认为自己能行。但是，仅仅知道自己能行是不够的，因为这并不能使你到达成功的彼岸。你还需要不断地思考，让自己的脑子动起来，获得成功的思考体验。不要小看思考的力量，只有会思考的人才会在紧张局面出现的时候迅速地做出反应。当你面对困境时，思考会让你变得坦然，会让你努力思索如何增强自己的能力，如何去改变现状。多思考不见得会有成绩，但不思考一定不会有成绩。

许多人总是抱怨自己没有发展的机遇，认为自己迟迟不能成功的原因就在于幸运之神没有眷顾自己。其实，这种观点是错误的。因为很多时候，机遇就在生命的前方等待着，关键是你要懂得去思考。

世界著名的成功学大师拿破仑·希尔在《思考致富》一书中，提出了为什么是“思考”致富，而不是“努力工作”致富的问题。希尔强调，最努力工作的人最终绝不会富有的。如果你想变富，你需要“思考”，独立思考而不是盲从他人。成功者最大的一项资产就是他们的思考方式与别人不同。当代最出色的演员之一——汤姆·汉克斯在电视上接受访问，回答一个问题时说：“多，不一定就更好。”他试图传达的信息是，忙碌会碍事。同时，进行太多的事，有太多计划或细节要照料，可能会使我们分心，无法发挥最佳状态。当你的脑子装得太满时，就没有空间可以装新点子和创意了。股神巴菲特早年不满足于在老师手下买“烟蒂式”股票，反复思考什么是最好的投资方法，最终改变了命运，成为世界最成功的投资大师。索罗斯在部署袭击英镑的经典战役之前，精密策划，反复研究，多空兼备，既攻又守，终于在一天之内赢得十亿美元，成就了投资史上的一段传奇。段永平在纳斯达克网络股泡沫破灭，人们对网络股极度恐惧和厌恶时，仔细思考跌至一美元以下的网易股票，勇敢组织百万美元资金大举买入，并且在获得高额利润时耐心坚守，最终一战成名，完成了他从一个出色企业家到投资家的华丽转身。这些都是思考的力量创造的奇迹。然而，思考的力量还不仅限于此，它不仅是力量的源泉，也是改变内在的基础。只要运用大脑积极思考，就能在生活中发现机遇，创造自己，改变自己的生活，实现人生的目的。

莫斯科大学的派奥特·安诺说：“大脑的思维潜力是无穷无尽的。”他将人的大脑比作“一架能够同时弹奏无限多音乐曲目的多维音乐器材。”他强调说，我们每一个人天生就有几乎可以说是无穷的思维潜力。他宣称，无论过去还是现在，从来没有任何一个男性或女性彻底地发挥其大脑的潜能。

所以，不要对你的头脑吝啬，因为你的头脑只会越用越灵，你每一次的思维都是在给头脑加油，经过润滑的大脑更能适应自然的变化，也才会有更强大的生存本领。一个人想要攀上巅峰，不是靠别人的帮助，也不是靠机会的垂青，而是靠自己的头脑。那么，从此刻起，让自己的脑子“动起来”，让你的大脑充分发挥思考的作用，这样你才能跨越重重障碍，才能体验到丰收的喜悦。

在这个世界上，思考是一切成功、兴旺、幸福的源泉，同时思考也是一切失败、贫穷和不幸的本源。一个人占主导地位的思考决定着他的性格、事业乃至他的一切方面。思考是人类所从事各项活动中的最高形式，只有少数人才懂得真正思考。著名实业家亨利·福特对此曾做出这样的评论：“思考是最困难的事，这可能就是为什么只有少数人会真正思考的原因。”

别让拖拉成为习惯

在日常工作和学习中，不少人都有做事拖拉的坏习惯。所谓拖拉，就是指一个人办事缓慢、不痛快、时间观念差、经常拖后期限的现象。在追求速度的快节奏社会中，“一寸光阴一寸金，寸金难买寸光阴”。时间就是效率，时间就是生命，时间就是一切。然而，时间似流水，一去不复返。时钟嘀嗒，分分秒秒从我们的指缝间逝去，谁能抓住时间，做时间的主人，谁就能成为强者。

我们不妨算笔时间账。人生短暂，转眼就是百年。然而，能活到上百岁的人又有多少呢？即使能活上百年，按 1/3 的睡眠时间算，那么你最少要睡上三十几年，必要的饮食消遣也得花去十几年时间，况且还有老弱幼稚阶段。这样细算下来，真正能用到学习、工作上的时间少得可怜。如果我们再不抓住这极有限的时间，那就会一事无成。

难怪古人云：“少壮不努力，老大徒伤悲。”我们不得不承认，做事效率高的人无一不是懂得驾驭时间的高手。他们能清醒地知道什么时间该做什么事，什么事情该在什么时间内完成，合理分配各项任务的使用时间，使每一项任务有时间可用、每一单位时间有事情可做。他们往往能在相同时间内完成比别人更多更好的任务。而做事效率低的人，则往往缺乏良好的时间观念，做事没有计划，今日事拖至明日办，一天的任务做两天，不善统筹时间，往往“时倍功半”。所以，如果想提高学习办事的效率，取得优秀的成绩，就必须懂得珍惜时间、善用时间，努力做到今日事今日毕。

很多人可能都有这样的感受，有很多工作等待着你去办，可就是缺乏做事的动力。这时候，虽然你看起来若无其事，但内心的焦灼让你寝食不安。拖拉对于人来说，是一种折磨。

现在，到哪里办事情都棘手，所遇阻隔见多不怪。皮球踢来踢去，大多不了了之。这是很多人做事为什么喜欢拖拉的原因之一。在多数情况下，由于人员变动大，耽搁一下拖一拖，或者一推，就迎刃而解了，就没有事了。如果你久经世事之历练，能拿捏分寸，知道轻重缓急，那这是经验之谈。问题是没多少人可以把握精髓，不能应用自如，达不到境界，贸然去做，少不得引火烧身。如果你是一个年轻人，就应该养成雷厉风行的习惯。不要怕多做事，多做事是一种历练，多做事可能多犯错误，领导可能会说你，但可以作为引以为戒的警钟，知道自己哪里错了，继而改之。我们应该用海尔“日事日毕，日清日高”的企训时刻警示自己，今天永远是起点，不要想着还有明日，明日复明日，明日何其多，我生待明日，万事成蹉跎。

许多职场人对于加班习以为常，但如果是因为自己拖延工作导致加班，则是不可原谅的。工作拖拉是一种糟糕的习惯。例如，针对某事的行事方式，如果你发现有问题，你就应该立刻站出来，干脆利索地将事情解决掉，改掉拖延症，找出高效工作的方法。其实，很多好的想法就在一念之间。如果因为拖拉的习惯而没去立即执行，造成的损失是可想而知的。

在希腊神话中，智慧女神雅典娜是从宙斯的头脑中披甲执戈一跃而出。所以，人的最大梦想、最大创意、最大憧憬，就像雅典娜一样，也往往是在某一瞬间突然从头脑中很完备、很有力地跃出来的。但有计划而不去执行，使之烟消云散，这对于你的品格力量会产生非常不良的影响。

一个生动而强烈的意象、观念闪过一位作家的脑海，使他灵光乍现，产生出一种不可阻遏的冲动——要想提起笔来，将那美丽生动的意象、观念移向白纸。但那时他或许有些不方便，所以不能立刻就写。那个意象不断地在他脑海中跳跃、催促，然而他还是拖延，灵感就会逐渐地模糊、暗淡，最后消失。那么，在日常的工作或学习中，应该如何避免养成做事拖拉的习惯呢？下面介绍三种办法：

第一，拖拉习惯就像容易上瘾的诱惑，需要坚定的意志去克服。习惯中最足以误人的莫过于拖延，有许多人都是因为拖延的习惯而陷入困境。拖延的习惯最能损害及减低人的做事能力。你应该极力避免拖延的习惯，就像避免一种罪恶的引诱一样。

第二，第一时间当机立断地着手解决问题。假使对于某一件事，你发觉自己有着拖延的习惯，你应该跳起来，不管事情处于什么样的困难中，立刻动手去做，不要畏难，不要偷安。久而久之，你就能改正拖延的倾向。你应该将“拖延”当作你最可怕的敌人，因为他要窃取你的时间、品格、能力、机会与自由，而使你成为他的奴隶。要医治拖延的习惯，其唯一的方法就是事务当前，立刻动手去做。多拖延一分，就足以使事情难做一分。

第三，克服犹豫、等待、厌烦等负面情绪，逆流而上一次性解决问题。“要做立刻去做”这是成功人士的格言。“凡是将这句格言作为座右铭的人，绝不会有悲惨的结局。”凡是应该做的事，拖延着不立刻做，留着将来再做，有这种不良习惯的人总是弱者。搁着今天的事不做而想留等明天做，在这个拖延中所耗去的时间、精力，实际上也够将那件事做好。做以前堆积下来的事，你会觉得厌烦。在当初可以很愉快并很容易做好的事，拖延了数日、数星期之后，就会显得讨厌与困难了。

第 六 篇

社会规则
不能不知

投资感情，收获人脉

人与人之间没有互信互助，则没有互惠互利；没有较深的感情，则没有彼此的信任。在平时与人交往中重视感情投资，不断增加感情的充实，就是堆积信任度，保持和加强亲密互惠的关系。

人是感情的动物。常言道："受人滴水之恩，当涌泉相报。"人与人之间的感情在我们的生命中有着重要的位置，甚至能够改变我们的人生轨迹。你在感情的账户上储蓄，就会赢得对方的信任。当你遇到困难或求人办事，需要对方帮助的时候，就可以得到这种信任换来的鼎力相助。生当陨首，死当结草；女为悦己者容，士为知己者死。这就是经常进行感情投资的结果。

先秦时期的法家代表人物韩非子在谈到驭臣之术时，只说到赏罚两个方面。这自然是主要的手段，但这还不够。有时，几句动情的话语、几滴伤心的眼泪要比高官厚禄更能打动人。其实，在现实中，任何人都不能离开朋友而独自生存。多个朋友多条路，多个敌人多堵墙。当你身处危难境地时，帮助你的往往是你的朋友。如果朋友不向你伸出援助之手，你就可能会陷入无助之中。俗话说："种瓜得瓜，种豆得豆。"这是有因果关系的，播种感情，收获关系。所以，为了扩大自己的人脉网，增大成功概率，一定不要吝惜你那点感情，多投资点，就多收获些。

曾有人问日本麦当劳的社长藤田田："世界上什么投资回报率最高?"他的回答是："在所有投资中，感情投资花费最小，回报率最高。"感情投资就是通过金钱、实物等投资出去，无形中转化为感情投资；也可以直接通过情感交流和联络等投资出去，得到感情、金钱或实物等的回报。新闻上经常看到，国内的一些地方官员和商人相互进行“感情投资”，将赤裸裸的权钱交换罩上了一层“感情”面纱，染上了一层“保护色”，使行贿受贿行为悄无声息，不易为外人察觉，更难以抓到犯罪把柄。有的甚至以结儿女亲家、打干亲家的方式，将关系更加密切地巩固下来。官商一家亲，政商一体化，以权谋私，慷国家集体之慨，行受惠自家目的，以达到共同收益的目的。这种卑鄙的行为当然为大众所不齿。

但如果感情投资用在企业管理方面，将会产生出人意料的良好效果。现代企业制度的灵魂是坚持以人为本，企业内部感情投资在企业人力资源管理中的作用正日渐显现。它不仅是实现和谐管理的有效途径，而且是实行企业民主决策、建立现代企业制度的客观要求。感情投资的出发点和归宿就是要提高员工的道德素质、文化素质、技术专长，培养员工的集体意识，塑造良好的企业形象，增强企业的凝聚力和竞争力，推动企业和员工个人的全面发展。

在企业中，一些较差、较为后进的员工，在员工的各项评比中总是处于劣势。时间一长，他们便会心灰意冷，产生破罐子破摔的思想，这对企业发展是十分不利的。为了激起他们的士气，克服他们的自卑感。在适当的时候，老板可以故意表现出自己的疏忽，让后进员工来提醒自己。这样一来，他们就可慢慢地产生一种自己也很能干的荣誉感，从而摆脱原来甘愿落后的思想而思索上进。

有一位企业家，他的员工和部下都能充分展示自己所具有的才能，发挥出应有的能力。他在用人方面显示了超凡的艺术。他是怎样用人的呢？他每次迎接刚参加工作的新员工时，总是带着发自内心的会心的微笑，一一握着他们的手说：“我一直在等待着你们的到来。”那些自尊心很强的人，看到老总这般赞扬、这般亲切很是兴奋，决心以后要干劲十足地努力工作。这位企业家不仅在口头上这样说，在具体工作中更是如此去做。他信任员工，大胆地让员工去做事情，给员工很大的自主权，使员工真正感到这位企业家确实是“一直在等待着”他们的到来。另外，他对那些成绩突出，很想成为领导，自信心非常强的部下也用这种方法，给他们以看似不是赞扬的赞扬，使部下感到自立的重要。这位企业家对那些有专业特长的人总是表现出谦虚的敬重的态度，他总是爱对他们说“虽然我不是专家，但是有你们的帮助，我肯定能够成功”之类的话。这位企业家所用的方法就是经典式的“怀柔政策”，用平淡的赞扬，以亲切耐心的态度去激励员工和部下。那些过于自信、过于固执的部下和员工也往往为其所“感动”，上下一条心，拧成一根绳，使企业蒸蒸日上。由此可见，赞扬是收费最小，收益最大的管理技术，不能不令人称道。

中国历史上的大商人胡雪岩在这方面也有他的高见：乐于助人，主动帮助别人，会不断增加感情账户上的储蓄。在求对方办事时，对方并不情愿为你白忙活，他希望你也能帮他做些事情，有的甚至希望在他办事之前，你得先为他办成。如果你了解对方这种心理，主动满足他的欲望，他就会很痛快地帮助你。这样做，是你最好的“零存整取”。

在我们使用金钱和实物进行感情投资的时候，也一定要重视用感情投资感情的方式。现在，有些人并不看重钱，他们更需要理解、关爱、关注或精神愉悦。胡雪岩虽然书读得不多，但他深深懂得，要得到真正的杰出之士，不仅要靠银子，还要靠“情”和“义”来打动他们。他还说，假设对方并没有什么需要帮忙的事情，你就要让对方在精神上得到满足，表现出对他的崇拜和尊敬，不断夸奖对方的权势、能力和人品。

办事求人，以“礼”当先

中国人自古就讲究“礼尚往来”。这个“礼”不仅表现在道德仪式上，还表现在物质利益上。在宗法制度的影响下，中国人是极重人情的一个群体。中国人在求人办事时，送上一点礼品，任何事都好说话。如果空手求人，恐怕就会被人婉拒。在如今的商业社会，“利”和“礼”是连一起的，往往是“利”与“礼”相关，先“礼”后“利”，有“礼”才有“利”。这已经成了商务交际的潜规则。

刘某在一个重要部门工作，很有实权。但他为人正直，从不接受馈赠，对送上门的礼物，不是拒绝，就是“等价退还”。因此，来他这儿送礼的人大多弄得很尴尬。一位职员来到他家做客，说：“局长，你的儿子和我差不多大小吧。他有一位您这样健康的父亲，比我幸福多了。我前几年不知道体贴家父，没有尽孝道，结果家父得了病。做晚辈的不指望长辈有钱有势，只希望长辈安康健在……局长，您都50多岁了，千万要注意身体。否则，您的儿子一定会很难过的！这些补品就算是晚辈对您的一点孝顺，请您注意身体。”经他这么一说，这位局长很受感动，最后不仅收了礼，而且对这个年轻的职员产生了很深的印象。

这个职员不是看在局长有权有势来送礼的，而是根据自己父亲的实际情况，以晚辈希望长辈安康为理由来送礼的，将自己置于局长儿子的位置，因此感动了局长。

小礼物起到了大作用，而刘某此举之所以成功，就在于抓住了对方的心理，又运用了自己的策略。一是他选择从孩子身上下手，这减少了对方拒绝的概率；二是他针对孩子的喜好选择了恰当的礼物，这一点很重要。正所谓“宝剑赠英雄，红粉赠佳人”，送人礼物必须能令对方感到满意，才能肯定该份礼物的价值。如果买一只贵重的瑞士手表给孩子，或者是给女孩送一套玩具车……这些不恰当的东西只会起到相反的效果。因此，在购买礼物前，应仔细考察，才能为受礼人带来无比的温馨。

选了礼物之后，如何把东西给送出去，是一件让人头痛的事。若方法不当，对方可能会严词拒绝或婉言推却或事后送回，这都令送礼者十分尴尬，结果赔了夫人又折兵。那么，如何防患于未然，一送就中呢？关键在于你送的借口好不好，送礼时说的话圆不圆。如果你能巧妙地掌握送礼的技巧，就能给整个办事过程画上一个漂亮的句号。下面，列举一些比较常用的送礼技巧，希望对大家有所帮助。

第一，借花献佛。假如你送的是土特产，你可说是老家来人捎来的，分给朋友尝尝鲜，东西不多，又没花钱，不是特地给他买的，请他收下。在通常情况下，如果这样说的话，受礼者那种盛情无法回报的拒礼心态就会大为缓和，最后多会收下你的礼物。

第二，暗度陈仓。假如你送给朋友的是酒一类的东西，不妨免谈“送”字，假借说是别人送你两瓶酒，来和朋友对饮共酌，请他准备点菜。这样喝一瓶送一瓶，关系也近了，礼也送了，还不露痕迹，岂不妙哉。不过，话说回来了，这是针对比较要好的朋友。否则，一般人兴许认为你是为了吃一顿，吃小亏而占大便宜。

第三，烘云托月。有时你想送礼给人，而受礼者又跟你有些过节，不便直接去送。你不妨选受礼者的诞辰婚日，邀上几位熟人一同去送礼祝贺，那样受礼者就不会拒绝了。当事后知道这个主意是你出的时候，必将改变对你的看法，使关系和好如初。如此这般，借助大家的力量达到送礼联谊的目的实为上策。

第四，移花接木。老李有事要托小张办，想送点礼物疏通一下，但又怕小张拒绝。老李的妻子跟小张的太太很熟，老李用起了夫人外交，让妻子带着礼物去拜访，一举成功——事也办了，礼也收了，两全其美。这样看来，有事直接出击不如迂回运动更能收到奇效。

第五，醉翁之意。如果你是给家庭困难者送些钱物，有时他自尊心会很强，轻易不肯接受。你若送的是物，不妨说，这东西我家放着也是闲着，让他拿去先用，日后买了再还。这样一来，就会让受礼者觉得你不是在施舍，日后又还，会乐意接受的。

第六，锦上添花。有一位职员，平时受上司照顾，不求上进，只想在其它方面回报上司，却苦于无机会。一天，他偶然发现上司红木镜框里的字画竟是拓片，跟室内雅致的陈设不太协调。恰巧他有个朋友是位小有名气的书法家，手头正有朋友赠他的字画。于是，他马上把字画拿来，主动放在镜框里。上司不但不反对，而且喜爱非常。这样一来，职员送礼回报的目的终于达到了。

第七，异曲同工。有时候，送礼也不一定要自己掏钱去买。这是因为，在某些情况下，人情也是一种礼物。比如，你能通过某些关系买到厂价、批发价、优惠价的东西，当你为朋友、同事买了这些东西后，他们在拿到东西的同时，已将你的那份情当作礼物收下了。你未花分文，只不过搭上一点人情和时间，而收到的效果与送礼一般无二。受礼者因交了钱，收东西时心安理得，毫无顾虑；送“情”者无本万利，自得其乐。像这种避嫌、实惠的送礼方法，只要不损害别人的利益，实在不失为一种送礼的高招。

当然，挑选礼物和最佳的送礼时机及场合也是很重要的。若你处理得好，会取得意想不到的效果。

好为人师是自作聪明

人们通常反感那些动辄就好为人师的人，他们夸夸其谈，自以为无所不知，目空一切。他们经常在别人的优越感上泼一盆冷水，这种口头上的随意性和虚荣心理往往会导致自己的孤立，最后在人际交往中一败涂地。

孟子曰：“人之患在好为人师。”一语道破古今文人通病。症结在于“好”为人师。而到底有没有“病”，却在于是否“能”为人师。所以，“满罐水不响，半罐水叮当”。真正胸有百万的人并不急于露才扬己，倒是那些半瓶子醋自以为了不起，动辄喜欢做别人的老师，出言就是教训别人，一副教师爷的派头，其结果是误人子弟，令人啼笑皆非。不仅如此，好为人师的人还往往自我满足，不思深造精进，结果是不但害人，也害自己。毛病就在于“好”为人师而“不能”。所以，真正具有真才实学的为人师表者并不在此列。

孔子曰：“三人行，必有我师焉。”这句话说得很有道理。毕竟，人各有所长，择其善者而从之，其不善者而改之。智慧和经验阅历也会各有不同，人品及道德也有高低，社会成就及事业都有高低之别。每个人都应该在合适的范围内，寻找能弥补自己弱点及不足的地方的老师，这对自己的人生成长与事业成功都有很大的价值。毕竟，每个人从启蒙老师开始，都已经拜过很多老师。当然，从广义上说，只要能自己上进，使自我能不断提高，即可为吾师。

现实中，真正心服口服的人是很少的，甚至没有。原因在于追求优越感是我们每个人都向往的事。不论是强者还是弱者，不论有没有资格成为别人的老师，都想让别人承认他，都想追求一种超过别人的优越感。而你一旦好为人师，就给别人的优越感降低了一节，给他的自尊心泼了一瓢冷水，这样会造成对别人生存的威胁。从人性上来讲，他会本能地保护自己而坚决抵抗你、排斥你。

另外，我们每个人都有自尊，都有一个自我。当自我受到否定时，人体内会自动产生一种自我保护机制，将自我裹得严严实实的，以防止你的入侵。因此，似乎你的说教也没起到任何作用，这种损人而不利己的事情何苦去做呢？尤其在日常工作和生活中，也许我们常常是出于友善、出于热心而特意给别人更多的指点和帮忙，但我们得到的回报却是冷漠甚至讥讽。人们总是认为，你的好为人师本就是对他的智慧及能力的一种否定，他才偏偏不会按你的指点去工作，甚至会认为你是和他在争抢功劳。总之，他不会领你的好意，这也会令人产生很大的失落与不满。

对那些在生活中好为人师的人，建议注意以下几个方面：

第一，注意你和你建议对象间的关系。除非是建立在平等基础之上，而且关系颇为密切的知己朋友，其他一般的朋友或同事最好不要这样直接指责或建议对方。只有你俩关系密切，他才不会把你当成外人，才有可能认为你是为他好而这样做，才有可能听从你的建议。否则，一般关系的人总会建立起他的自我保护机制而与你抗衡，使你的指责和建议成为白费。

第二，注意你的身份及社会地位。如果你在家中是长辈或享有德高望重的社会地位，那么你的建议或指责便会很有分量，其他的人也会考虑到若自己不听会招致什么样的严重后果，他会慎重考虑而后行事。如果你不是某方面的权威，也没有崇高的社会地位，这时候就不要发言。万一对方听不进去，他还会以秽语辱没你的身份，冷嘲热讽你的人格，甚至日后有些小人还会打击报复。所以，应根据自己的身份和社会地位而后开口。例如，在等级森严的公司里，职员最好不要找经理或老板的毛病，要绝对服从上司的计划。否则，你的处境将是很危险的。万一被印上一个“欺上”的坏印象，将很难再有所改变。

第三，注意你建议的内容。内容可以是工作方面的，也可以是生活方面、处世方面的，但千万不要涉及对方的私生活及隐私方面。这是因为，拥有个人隐私已被看成个人权利的高级形式。尽管中国人以前不是很注意这方面的问题，但近年来，随着个性解放的发展，中国人的隐私观念已深入人心，他们把隐私看成神圣不可侵犯的至高权利。所以，尽量不要触及对方的私生活及其个人隐私。

第四，注意你的建议和指责的方式及当时的情景因素。方式上要尽量委婉含蓄，尽量不直来直去，因为直语更易伤人。可以采用比喻的方法和委婉的规则，给人以尊重的感觉。要动之以情、晓之以理，循循善诱，而不是出口疯语，生硬直板。要注意当时的环境，不要在大庭广众之下提出建议或批评。要选择好时机，最好是两个人私下交流意见。总之，最好去拜人为师，而为人师时应牢记“人微言轻”，没有一定的身份和地位最好谨慎言之。

接受批评，就会进步更快

莎士比亚说过：“最好的好人，都是犯过错误的过来人。一个人往往因为有一点小小的缺点，将来会变得更好。”人的一生中，谁都难免会犯错误。既然犯了错，就要承担一定的责任。因此，勇敢地以正确的心态去接受别人的批评，是一个人能否走向成熟和成功的关键。

批评通常也意味着进步的机会。在建设性的批评面前，反击、争辩或无礼都无济于事。对这样的批评进行无关紧要的纠正，只会演变成严重的问题。在受到上司批评时，心态相当关键。而乐于接受建设性的批评并且遵照执行，是成熟和职业化的表现。上司一般不会把批评、教训别人当成自己的乐趣。既然批评，尤其是训斥容易伤和气，那么他在提出批评时一般是比较谨慎的。他的“责骂”从一般角度考虑，一定是有原因的，或对或错都表明上司对某些和你有关的工作不满意。因此，被批评时应该认真对待，首先抱着自责和检讨的心理去接受批评。

一个合格的员工在受到上司批评时，应该尽可能地保持谦逊的姿势和虚心的神情。同时，眼神不可随意飘动，要表现出对上司批评的专注来，不要让他以为你心不在焉或不甚服气。要想一想，到底是不是自己做错了。从另一个方面讲，上司一旦批评了别人，就有一个权威和尊严问题。如果你不认真对待他的批评，把训斥当耳旁风，依然我行我素，其效果也许比当面顶撞更为糟糕。这是因为，那样会让上司面子尽失，让上司觉得你的眼里没有他。

如果上司的批评中有你能立刻明白的教训，最好在上司批评完后，将被指责事项逐一接受并肯定，并尽可能地陈述善后对策或改善方法，诚恳地请求上司给予指导。如果有机会的话，在事后也可以对上司的训示予以感谢。下属能完全接受批评，理解上司的“苦心”，且积极地谋求改善，还对批评心存感激。这对上司而言，是再高兴不过的事了。即使你真的做错了事情，上司也会觉得你是可以原谅的。在这一瞬间，你让上司深切感受到他的价值，并且得到指导人的成就感和满足感。

当然，对批评绝不能不服气和牢骚满腹。让上司觉得他是被信赖和尊敬的，最直接的表现是部下很愿意听他“教训”。但是，如果你不服气、发牢骚，那么，这种做法产生的负效应将会让你和上司的感情距离拉大、关系恶化。做下属的人，在面对上司的批评时，表现出一副很不服气的神情，私下里满腹牢骚，不仅无法体会上司的真心实意，还会招惹上司的嫌恶。那么，面对批评应该如何做呢？

先把利己主义抛到一边。如果他人批评得有道理，就要客观地倾听他们的看法，并切实了解清楚。接下来，应该想想如何解决问题。许多人都曾犯错和受到批评，但事实证明他们能够放下个人主义，审时度势，承担责任，从而更为强势地东山再起。不要寻找替罪羊，不要试图争辩、迁怒他人或矢口否认，以为事情能就此淡化，解释往往会被看成借口或否认。通用电气前任 CEO 韦尔奇因为离婚事件，其严重超标的离职补贴被曝光，形象也因而短暂受损。但是，面对批评，他没有企图辩护或者转移公众视线，而是放弃了几乎所有的退休福利，从而挽救了自己的职业声誉。

要合作，不要对抗。人们总爱把矛头对准传递信息的人。或许这事和你并不相干，你却因它而受到批评。也可能真正要讨伐的对象是公司的政策，整个部门对某个项目的努力程度，那就别把这事私人化了，以免像个刺猬到处扎人，还是多从力所能及的事着手吧！如果是领导，你就更要为你的团队承担压力，召集你的下属一起，客观地探讨面临的困境，共同想出解决办法。建设性的批评很可能是好事，就看你以什么态度来接受它了。

承认自身的局限性。倘若你遭到批评而又无法改变，请考虑换个思路。如果公开演讲并非你的强项，或许让别人来演示效果会更好。要懂得在适当的时候，以适当的方式找最适合的人工作。雅虎公司的创始人几乎都是技术人员出身，缺乏将公司经营得风生水起的雄才大略。意识到这一点后，他们没有让那些个人主义的念头作祟，而是适时地退居幕后，把工作授权给他人完成。果然，雅虎成功了。

与其单打独斗，不如合作共赢

哲学家威廉·詹姆士曾经说过："如果你能够使别人乐意和你合作，不论做任何事情，你都可以无往不胜。"生活中，合作是一种能力，更是一种艺术。唯有善于与人合作，才能获得更大的力量，争取更大的成功。合作之所以有如此锋芒，就在于它能优势互补，凝成合力，发挥"1 +1 大于 2"的绩效。一个篱笆三个桩，一个好汉三个帮。"桃园三结义"一展刘备霸业，马克思和恩格斯友谊共画时代一笔，居里夫妇共入诺贝尔奖殿堂，此等实例比比皆是。

如今，合作不单是一种精神，还是一种生存需要。新时代的生存之路绝不比我们前辈们的好走，无数挑战在等待着我们。然而，在现实世界里，有许多才华出众的青年却不懂得合作的重要。他们不明白，如果他们在一个组织或集体中同其他人合作会制造出个人无法创造的奇迹。那种万事不求人的人，只会吞下自我封闭的苦果；团结一致，紧密协作，才能走向成功。团结就是力量，合作就是力量。要想成功，任何人都需要他人的帮助。

卡耐基说过："一个人的成功，只有 15% 是由于他的专业技术，而 85% 则要靠人际关系和他的为人处世能力。"而这不正是合作的能力吗？合作是硬道理，单打独斗只考虑自己的利益是很难成功的。这就像一棵树成不了森林、一滴水成不了江河、一块石头成不了高山一样。任何人想要有所作为，就必须把自己融入到团队中，与大家齐心协力，才能赢得最后的成功。

当今社会已经不是那个单打独斗的时代了，大家彼此都需要合作。毕竟，我们不可能拥有一切资源和条件，只有通过合作联盟才能创造成功。比如，你要建一架飞机，可能用的是美国的设计、德国的钢铁、日本的螺丝、中国的工人等。没有他们的共同合作，可能就建造不出一架功能良好的飞机来。团队的力量让你无往而不胜。合作产生的力量不是简单的加法，合作产生的合力要大于每一个人力量的总和。沙子是松散的，可当它和水泥、石子、水混合后，就会无比坚硬。一个优秀的团队也能创造一种机制和组织氛围，使团队成员最大程度地发挥自己的潜力，产生以一当十的力量。

我们每一个人都需要培养自己和他人合作的能力，为将来拓展自己的人生舞台打好基础。优秀的合作力量是不可估量的，合作使人生存，使人扬长避短，以达到最好的结果。

曾看过一则五根手指比谁更优秀的故事。

一天，五根手指在一起闲着没事，就谁最优秀的话题争吵起来。

大拇指说："在咱们五个当中，我是最棒的。你们看，首先，我是最粗最壮的一个。无论赞美谁，夸奖谁，都把我竖起来。所以，我是最棒的……"

这时，食指站了出来说："咱们五个，我是最厉害的。谁要是出现错误，谁有不对的地方，我都会把他指出来……"

中指拍拍胸脯，骄傲地说："看你们一个个矮的矮、小的小，哪有一个像样的。其实，我才是真正顶天立地的英雄……"

到无名指了，他更是不服气："你们都别说了，人们最信任的就数我了。你们看，当一对情侣喜结良缘的时候，把那颗代表着真爱的钻戒不都戴在我的身上么……"

到了小指，看他矮矮矬矬的，可最有精神，他说："你们都别说了，看我长得小么？当每个人虔心拜佛、祈祷的时候不都把我放在最前面么……"

这五根手指只看到自己的长处，倘若主人去搬一件东西，恐怕哪个也无法独立完成。其实，每个人都有自己的长处，都有缺点。只要能取人长、补己短，相互合作就是完美的！每个人都是机器上的零件，只有大家协作起来，机器才能正常运转。如果各自为战，机器必然难以运转。即使你这个零件性能再好，也发挥不了一点作用。

真正的强者讲究双赢、追求合作，在他们帮助别人取得利益时，也会使自己获得利益。若想真正地融入团队，靠合作取得最大利益，那就必须把个人利益放在一边。对于每个人来说，学会合作是一门重要的必修课。只有依靠部门中全体员工的互相合作、互补不足，工作才能顺利进行，个人才能成就一番事业。请记住这一点，团队的力量远远大于一个优秀人才的力量。只有合作，才能实现团队的最大利益，实现双赢。

功让别人，错留自己

许多职场新人初入职场，为了稳固自己的地位，也为了在激烈的竞争中占得一席之地，会迫不及待地找机会显露自己的才能和实力，从而尽快得到上司和同事的认可。他们事事都要争个“先手”，有时甚至还要来个“抢跑”，表现得锋芒毕露。

但事实上，作为职场新人，过早地“崭露头角”是危险的，至少会使自己陷入被动局面。因为在无形中，你将自己的定位定得很高，并且处处想显示自己的才干和见识。如此一来，就会使上司和身边的同事产生一种心理压力。当你一旦有所闪失时，他们的反应会更强烈，轻则说你欠火候，重则会落井下石。另外，锋芒毕露还会令你过早地卷入升迁之争。作为一个无足轻重的新人，很有可能在一种暗箱操作和利益交换中成为无辜的牺牲品。所以，如果现在的你还不具备厚积薄发的实力，那么，为了自己的美好将来，还是应该多加注意。

当今社会，每个单位都免不了人际矛盾和利益纷争。若是锋芒过于显露，不小心触犯了别人的利益，很可能树敌。由此，既威胁了自己的职场生存，又影响了自己的良好心态。于是，内敛含蓄，喜怒不形于色，“深藏不露”，就成为一种本事。《潜伏》《暗算》等影视剧颇受欢迎，有人甚至以此为喻，提出职场“潜伏心理学”的说法。

刚到一个新单位时，对领导、同事的社会背景和处事风格都缺乏了解。此时，最要紧的是多观察、摸清单位的人际脉络。因此，务必学会“潜伏”，做到谨言慎行。若是盲目陷入利益纷争，必然羁绊以后的发展。当然，“潜伏”并不等于压抑。相反，这是个人蓄势和韬光养晦的绝佳机会。处在潜伏期的你应该摆正心态，积极学习，充实个人的专业知识和才能，为将来适时亮出自己的才能、承担更大的责任做好准备。

如果习惯了“潜伏”，总是默默无闻，不仅埋没个人才干，而且影响长远的职业发展。因此，在一些关键节点，比如项目遇到难点、单位发展的转折点时，则一定要像电视剧中的李云龙那样及时“亮剑”，果断施展特长、崭露头角。此时出手，将会使你赢得广泛的人心，为职业发展创造良好的机会。

“难得糊涂”历来被国人推崇为高明的处世之道。只要你懂得装傻，你就并非傻瓜，而是大智若愚。做人切忌恃才自傲，不知饶人。锋芒太露易遭嫉恨，更容易树敌。功高震主不知给多少下属臣子招致杀身之祸，与领导交往最重要的技巧就是适时“装傻”。不露自己的高明，更不能纠正对方的错误。人际交往，装傻可以为人遮羞，自找台阶；可以故作不知达成幽默，反唇相讥；可以假痴不癫迷惑对手。你必须有好演技，才能显得可爱，“疯”得恰到好处。谁不识其中真相，谁就会被愚弄；谁不领会大智若愚之神韵，谁就是真正的傻瓜、笨蛋。

作为一个人，特别是作为一个有才华的人，要做到不露锋芒，既有效地保护自我，又能充分发挥自己的才华，不仅要战胜盲目骄傲自大的病态心理，凡事不要太张狂太咄咄逼人，更要养成谦虚让人的美德。“花要半开，酒要半醉。”凡是鲜花盛开娇艳的时候，不是立即被人采摘而去，就是衰败的开始。人生也是这样。

在古代，锋芒太露而惹祸上身的典型也被称为功高震主。主要表现在，打江山时，各路英雄会聚一个麾下，锋芒毕露，一个比一个有能耐。主子当然需要借助这些人的才能，实现自己图霸天下的野心。但天下已定，这些虎将功臣的才华不会随之消失。这时，他们的才能就成了皇帝的心病，让他感到威胁。所以，屡屡有开国初期杀害功臣之事，所谓“杀驴”是也。韩信被杀，明太祖火烧庆功楼，无不如此。

读过《三国演义》的人都知道，刘备死后，诸葛亮好像没有大的作为了，不像刘备在世时那样运筹帷幄，满腹经纶，锋芒毕露了。在刘备这样的明君手下，诸葛亮是不用担心受猜忌的，并且刘备也离不开他。因此，他可以尽力发挥自己的才华，辅助刘备，打下一份江山，三分天下而有其一。

刘备死后，阿斗继位。刘备当着群臣的面说："如果这小子可以辅助，就好好辅助他；如果他不是当君主的材料，你就自立为君算了。"诸葛亮顿时冒了虚汗，手足无措，哭着跪拜于地说："臣怎么能不竭尽全力，尽忠贞之节，一直到死而不松懈呢？"说完，叩头流血。刘备再仁义，也不至于把国家让给诸葛亮。他说让诸葛亮为君，怎么知道没有杀他的心思呢？因此，诸葛亮一方面行事谨慎，鞠躬尽瘁，另一方面则常年征战在外，以防授人"挟天子"的把柄。而且他锋芒大有收敛，故意显示自己老而无用，以免祸及自身。这是韬晦之计，收敛锋芒是诸葛亮的大聪明。

你不露锋芒，可能永远得不到重任。你锋芒太露，却又易招人陷害。虽容易取得暂时成功，却为自己掘好了坟墓。当你施展自己的才华时，也就埋下了危机的种子。所以，才华显露要适可而止。在一个团队中，最好的做法是：如果有功，归于别人；如果有过，归于自己。把好处让给别人，把吃亏留给自己，这才是真正的王道。

做人凭本事，也凭关系

在现代社会里，一个人想要生存和发展，必须要有较高的综合能力。试想，一个人即使门面再光鲜、背景再显赫，假如没有一身过硬的本领，也是难以在社会上立足的。能力体现了一个人的综合价值，是一个人在社会上安身立命的本钱，也决定了一个人的现在和未来。

俗话说："人争一口气，佛争一炷香。"看到别人功成名就，有名车、有别墅、有丰厚的收入，我们该怎么办？眼红、生气是无济于事的，那样永远也没有机会超过别人。天下没有免费的午餐，别人的大富大贵、腰缠万贯也不是从天上掉下来的。生气不如争气，相信自己，别人能我们也能，化心动为行动。做人只有志存高远，才能有所成就。好共事不是简单的好说话好脾气，而是优势互补、求同存异的生存策略与艺术。好共事，能够与人和谐相处，建立人与人合作的基础，也是成就大事的必然选择。

人活在世上，谁都想出人头地，做一番轰轰烈烈的大事。但是，一个人能否成大事是由众多因素决定的。其中，有个广泛的人际关系网是至关重要的基础部分。而一个偏执、为人自私、说话不算数的人，是很难通过这一关的。在社会交往中，人际关系可以说是最基本的关系，也是一种最复杂的关系。无论是谁，在社会交往中建立起来的人际关系越好，他的朋友就越多，就越能使自己得到勇气、温暖，增加自己的智慧和力量。从主观上看，良好人际关系的互用可以成就一个人的事业，使其步步高升；从客观上看，良好人际关系的互用能使一个人更有信心和力量。

要想处理好人际关系，首先要做一个心胸宽广的人。胸怀宽广，是一个人心态处世风格的整体反映，没有人不喜欢与这样的人打交道。他周围总是充满人气。朋友多可以互相帮忙，共同发展。朋友越多，可供选择的路就越多，办事就越发通畅、快捷，成功概率就会大大增加。而少树敌会使自己少受一些恶毒的抵抗和损伤，会减少许多不必要的麻烦。善于结缘，多交朋友，编织一张结实的“关系网”，就能聚集自己的人脉，使自己做人如鱼得水，做事左右逢源，一生颇顺、事事如意。

莫洛尔是美国纽约某银行最著名的董事长兼总经理，而他那总经理的宝座使他年收入高达 100 万美元。但是，他最初只不过是一个小法庭的书记员而已。后来，他的事业却以惊人的速度发展。他究竟是靠什么法宝做后盾呢？莫洛尔一生中最重大的一件事，就是他博得了一个大财团董事的青睐，从而一蹴而就，成为全国瞩目的商业巨子。据说，这个大财团董事挑选莫洛尔担任这一要职时，不仅是因为他在经济界享有盛誉，而且更多的是因为他不但人格高尚，而且特别会与人相处。

如出一辙的是范登里普出任联邦纽约市银行行长之时，他挑选手下重要的行政助理，首先是以人格高尚和与人处事为挑选的重要标准。杰弗德便是一个从地位卑微的会计，步步高升，后来升任美国电报电话公司总经理的例子。他常对人说：“良好的人际关系是事业成功的最重要的因素之一。没有人能准确地说出‘关系’是什么，但如果一个人没有良好的人际关系，便是没有成功的希望。事业的成功 70% 靠的都是人际关系。这是勿庸讳言的。”像摩根、范登里普、杰弗德等领袖人物，都非常看重“人际关系”，认为一个人的最大财产便是“关系”。

有些人生来就有与人交往的天性，他们处世待人，举手投足与言谈行为都很自然得体，毫不费力便能获得他人的注意和喜爱。可有些人便没有这种天赋，他们必须加以努力，才能获得他人的注意和喜爱。但不论是天生的还是努力的，其结果无非是博得他人的善意，而那获得善意的种种途径和方法便是“关系”的发展。只有良好的人际关系，才能获得更多的机会。因此，世间凡是智者贤人，常把人际关系看作是成功的法宝。善于互用人际关系的人，即使有的时候与我们偶尔相识，只有一面之交，他也不会错过。这就使我们得出一个结论：懂得利用人际关系的人，很容易使别人对他产生兴趣。久而久之，便在不知不觉之中成为朋友。

当前，合作共赢已成为社会发展的必然要求，那种想凭借一己之力，靠单打独斗成事的个人英雄主义，已经不适应时代的步伐，不与人合作或者不会与人合作就不可能成大气候。当然，做人不能全是虚的，有本事、能办事，才能在社会上稳住脚跟。一切都会改变，唯有真才实学是别人无法抢走的，也无须担心时运不济。没机会时我们可以韬光养晦为别人服务，那时，我们是一块有用的“香饽饽”；逮着机会立刻就能趁势而起，那时想停都停不住。

以自己的特长谋生

一个合适的职业会在各方面激发你的才能并使你迅速地进步。成就自己，就是要知道自己能做什么、自己的优势是什么，否则就难以发挥所长。对任何一家公司来说，一个货真价实的财务专家远比一个拿着诸如会计资格考试证书、驾驶证等多个证书的普通财务人员更重要。找到了最佳位置，就等于才华有了施展的舞台，英雄有了用武之地。

一个人不可能面面俱到，每个人都有各自的优点和缺点，需要认真对待的是要确定自己的长处。在职场上，你要成为你自己，别人能成为什么那是别人的事。与其费尽心机地去改变自己的短处，还不如努力把自己的特长发挥到极致。一个人只有找准了自己的最佳位置，才能最大限度地发挥自己的潜力，调动自身一切可以调动的积极因素，并把自己的优势发挥得淋漓尽致，从而获得成功。

自身优势简单说就是个人才干，就是个人所具有的超出别人的表面的或内在的素质。才干是人做事的工具，是做事的能力和本领。才干包括敏锐的洞察力、准确的判断力、科学的决策力、果敢的执行力、灵活的协调力、审慎的校错力、坚定的意志力等。说白了，就是要找到自己的强项。强项就是我们的比较优势，就是区别于他人的重要特点，或者说是自己的非凡之处。

很多经验告诉我们，成功常常光顾那些能够找到自己优势、发挥自己优势的人。人和人既有相同之处，又有不同之处。每个人都有不同于他人的正面特点，就是我们常说的优势、强项。做人做事，善于发现自己的优势、培养自己的优势、强化自己的优势、发挥自己的优势，这是一种干事创业的重要智慧。著名笑星赵本山的成功之路，就是一个最好的例证。赵本山还是一个农民的时候，有人说他重活干不成、轻活不愿干，光会耍“嘴皮子”。然而，赵本山正是利用了自己“嘴皮子”强的优势，经过不断努力，改革创新，使“东北二人转”这一古老的东北民间表演形式，走出东北，享誉全国，丰富和发展了中华民族的曲艺文化宝库。他的成功之路很值得我们认真思考，同时给我们以深刻的教益。

每个人都希望并可能获得成功，然而成功的路却往往不同。成功者常常不在于他们能力的多样化，而在于他们找到了自己的强项、发挥了自己的强项，这就是成功者的一般规律。

自己的强项，就是自身的优势。找到自身的优势，并且把它转化为成功的支点，是我们自己量才使用的基础。我们有属于“谋事型”的人，思维活跃，善于创新；有属于“干事型”的人，雷厉风行，做事干练；有属于“合作型”的人，团结互助，协调联动；有属于“应变型”的人，沉着冷静，条理清晰。我们每个人都像一根长短相同的杠杆，能否走上成功之道，关键在于能否找到那个最合适的支点。

我们要善于发现自己的强项，激发自己的强项，强化自己的强项，发挥自己的强项。这就是成功的支点，是我们安身立命、建功立业的基础。

在法国，一个穷困潦倒的青年流浪到巴黎，期望父亲的朋友能帮助自己找到一份谋生的差事。

“数学精通吗?”父亲的朋友问他。青年摇摇头。

“历史、地理怎样?”青年还是摇摇头。

“那法律呢?”青年窘迫地垂下头。父亲的朋友接连发问，青年只能摇头告诉对方自己连丝毫的优点也找不出来。

“那你先把住址写下来吧。”青年写下了自己的住址，转身要走，却被父亲的朋友一把拉住了：“你的名字写得很漂亮嘛，这就是你的优点啊，你不该只满足找一份糊口的工作。”

数年后，青年果然写出享誉世界的经典作品。他就是家喻户晓的法国18

世纪著名作家大仲马。

研究表明，人类通常有24种情绪天赋，这些天赋通过人的思维、感觉与行为体现出来。当一个人对某项事情怀有热情并做起来行云流水、无师自通时，就证明这是他的优势所在。

其实，我们每个人都有自己的优点与缺点，需要我们去挖掘去发挥自己的优势。而且我们应该准确地看待它们，既不要因为自己的优势而沾沾自喜，也不要因为我们的劣势而妄自菲薄。我们只要发挥自己的优势，实现人生价值，扬长避短会使你的人生进入另一个新的境界。但是，过分看重优势，无视劣势存在时，往往会失败。每个人走路时都不会只观望天空而不注意脚下。现实是真实存在的，任何人都不会活在空中楼阁，要面对自己的优势和劣势。过分自信是失败的前兆，而劣势就像警钟，敲击你自负的脑袋，提醒你的不足，把你从虚幻的世界拉回到现实中来。看清自己的优势与劣势，把握优势，发挥它的效力。对于劣势，应当正视它的存在，以优补劣。

只有这样，才能选择最佳的人生航线，最大限度地实现自己的人生价值。

第 七 篇

努力克服自私本性

退一步，才能赢得尊重

每个人生活在世界上，都要与人交往，与人共事。事实上，人与人的关系、人与事物的关系都是相互依赖、相存共生的关系。就像手背与手心的关系一样，谁也离不开谁。这就需要我们在为人处世时，一定要掌握好“进”和“退”的关系。生活中，大家谈得比较多的是“进”，因为进是一种积极的力量，能让人不断地提高和发展自己，从而实现人生的理想。而退呢？总是与消极连在一起，谁愿意让自己退步呢？但在人生的某些时候，适当的退比进更为重要。

人生的成长境界就是从“进退两难”到“只知进，不知退”，从“既知进，也知退”到“进退自如”的境界。孔子曰：“吾十而有五而志于学，三十而立，四十而不惑，五十而知天命，六十而耳顺，七十而从心所欲，不逾矩。”“进退两难”是人生的困惑阶段，多见于青少年时期。人生充满了变数和选择，“昨夜西风凋碧树，独上高楼，望尽天涯路”。“只知进，不知退”多见于青壮年时期，是人生的竞争阶段，“衣带渐宽终不悔，为伊消得人憔悴”，充满了坚定与执着。“进退自如”则是人生的自由阶段，到了老年，人终于大彻大悟，“蓦然回首，那人却在灯火阑珊处”。在这样的境界中，人才能做到“贫贱不移，宠辱不惊，威武不屈，富贵不淫”。在当今时代，很多人成为欲望与竞争的牺牲品，竞争的残酷性驱动着现代人不断地“向前、向前、向前”，只知进，不知退，因为不进就没有空间、没有资源。然而，匆匆前行的旅程中，我们遗漏了多少思考、错过了多少风景、丧失了多少美丽的记忆啊。我们获得了物质空间，却失去了精神家园。

所以，当我们还不能达到“进退自如”的境界时，我们也要力争做到“既知进，也知退”。也就是说，在积极进取的同时，也要保持平静、谦和而宽阔的心态，保留人生一份从容与淡定，笑看门前花开花落，记住每个美丽的、感悟的瞬间，让我们的精神家园时时丰盛。老子曰：“胜人者有力，自胜者强。”真正的强大是战胜与超越自我而不是击败别人。而超越自我的第一步，就是要懂得“退”的智慧。

这种“退”，首先应该树立一个原则，这个原则就是要坚守内心的原则，坚守心灵深处的高贵，不能因为屈服于压力或贪图物质利益的享受就轻易地妥协甚至出卖自己的良心。然而，在个人的名利或物质利益受到损害或由于个人利益与他人发生矛盾时，如果能大气大量地退让一步，则不仅不是懦弱，反而是一种大忍之心的体现。古人云：“退一步海阔天空，忍一时风平浪静。”在非原则的问题上或在自己应得的物质利益上，如果能以宽容之心对待他人之过，就能得到化干戈为玉帛的喜悦。对于别人的过失，虽然必要的指正无可厚非，但若能以博大的胸怀去宽容别人，就会让自己的精神世界变得更加精彩。

虽然“退一步海阔天空”是大家耳熟能详的一句话，但在现实生活中往往有许多人把这个简单的道理给忘记了。不但不知退，反倒是变本加厉地放纵自己的欲望。

古时候，清河人胡常与汝南人翟方进在一起研究经书。后来，胡常先做了官，名誉却不如翟方进好。胡常为此在心里总是嫉妒翟方进的才能。当与别人议论时，他总是不说翟方进的好话。翟方进听到这些事之后，没有以牙还牙，而是想出了一个退让的方法。每当胡常召集门生、讲解经书时，翟方进就主动派自己的门生到胡常那里去请教疑难问题，并且诚心诚意、认认真真地做好笔记。时间长了，胡常就明白了这是翟方进有意推崇自己，于是内心十分不安。以后，在官场上，他就不再贬低而是赞扬翟方进了。翟方进有意退让的智慧使他与胡常化敌为友。

明代正德年间，朱宸濠起兵反抗朝廷。王阳明率兵征伐，一举擒获了朱宸濠，为朝廷立了大功。但是，当时受正德皇帝宠信的江彬十分嫉妒王阳明的功绩，以为他夺走了自己建功立业的机会，于是就四处散布流言：“最初王阳明和朱宸濠是同党，后来听说朝廷派兵征伐，才抓住朱宸濠自我解脱。”王阳明听到这个消息之后，就与总督张永商议道：“如果退让一步，把擒获朱宸濠的功劳让出去，就可以避免不必要的麻烦。假如坚持下去，不作妥协，江彬等人很可能狗急跳墙，做出伤天害理的勾当。”为此，他将朱宸濠交给张永，使之重新报告皇帝：擒获了朱宸濠，是总督军门和士兵的功劳。如此一来，江彬等人也就无话可说了。

王阳明称病到净慈寺修养。张永回到朝廷之后，大力称颂王阳明的忠诚和让功避祸的高尚之举。正德皇帝终于明白了事情的始末，就免除了对王阳明的处罚。王阳明以退让的方法，避免了飞来的横祸。

以上两个事例说明，翟方进以退让之法化敌为友，王阳明则以退让之法顾全了大局，保护了自身的安全。就现实社会的生活而言，努力进取、坚持不懈的行为无疑是值得肯定的。然而，在复杂的人生道路上，既需要勇敢拼搏，也需要有为有守。退让不仅是一种机智，也是一种坚忍的毅力和顽强的意志。瞬间的忍耐，将使狭隘的人生之路变得无限广阔。

其实，每个人都是一盏灯，灯的亮度只在于他这一生所燃烧的蜡，越亮的灯便越是完整而缓慢地燃烧自己。每个人有不同的人生，每盏灯也有不同的限度。所以，灯是因为火光才燃烧，人是因为目标才进步。无论我们的蜡燃烧了多少，火光在，目标就会依旧存在。

试一试退一步再继续前进吧！让我们多一些谨慎，多一些容忍，更多一些稳重，这样的人生才是没有遗憾的人生。

固执是跟自己过不去

无论在生活中还是在职场中，不喜欢听取别人意见的大有人在。他们的心目中只有自己，而且还自以为比别人高明，事事要占上风，好出风头。

如果你这样做，根本就是没有给别人留下一点余地，而采用趾高气扬而又蛮横的方法，使别人感到窘迫，无路可走。明智的人会不同你一般见识，而不理智的人则会对你的做法大加指责。所以，即使你有很大的本事，见识比别人高明，也绝对不能使用这种态度。否则，你将人缘尽失。如果你是一个有这种坏习惯的人，所有的朋友和同事肯定没有一个人向你提供意见和看法，更不敢向你进一步提出忠告。也就是说，人们不想接近你，并且有时会对你产生望而生厌的情绪。那么，你就应当有自知之明，应逐渐改变这种不良习惯。

你的意见和看法并不一定是正确的、合理的，而别人的意见和看法也不一定是错误的、无价值的。大家平时的交谈多出于消遣，大可不必认真，大家说说笑笑便罢。因此，你就不要自作聪明，对别人随便说教。即使你的说教有一定的道理，人家也会很不乐意接受。就算要对别人说教，也应当婉转地采用征询的口气说出你的见解，人家才比较容易接受。所以，你不要随便摆出架势来教导人家。

朋友、同事向你献计献策，即使不赞成，起码也要表示可以考虑考虑。这种场合，是不可马上提出反驳的。和朋友聊天时，更应当注意，不可太固执己见，这样很容易把一切有趣的事情变成乏味的。要是对方真的犯了错，又一时不肯接受指正、批评或劝告，应往后退一步，不要急于提出来。把时间延长一些，隔几天之后或更长时间再说。否则，若双方都固执己见，不仅不会取得成效，还会造成僵局，伤害双方的感情。

除了固执己见，固执在生活的其他方面也有诸多表现，无时无刻不在困扰着那些有固执性格的人。在我们的一生中，之所以有太多的障碍，皆是由于过度的固执与愚昧的无知所造成的。在别人伸出援手之际，我们要学会变通。唯有自己也愿意伸出手来，别人才能帮得上忙！固执，几乎是所有人共有的心理特征。其实，固执的本意是“择善而固执”，是坚持原则，坚持不懈，是“诚”的表现。在复杂的现实生活中，如果笼统地事事固执，那么就会走向它的反面，甚至会走向自我毁灭的边缘。

一天，突然下起了暴风雨。一位虔诚的居士在寺院里祈祷，眼看着洪水已经淹到他跪着的膝盖了。这时，一个人驾着舢板来到了寺院，对他说：“赶快上来吧，不然洪水会把你淹死的！”居士说：“不，我相信佛祖会来救我的，你先去救别人好了。”

一会儿，洪水已经到达了他的胸口，他只能勉强地站在祭坛上。这时，又有一个人开着快艇过来了，对他说：“快上来，不然你真的会被淹死的！”居士说：“不，我要守住我的佛堂，我深信佛祖一定会来救我的，你还是先去救别人吧。”

不久，洪水就快淹没了整个佛堂。这时，一架直升飞机缓缓地飞过来，飞行员丢下了绳梯：“居士，快上来，这是最后的机会了，我们可不愿意见到你被洪水淹死！”到了生死关头，这位居士还是固执地说：“不，我要守住我的佛堂，佛祖一定会来救我的。你还是先去救别人好了，佛祖会与我同在的。”

随后，一浪又一浪的洪水向居士袭来，固执的居士终于被淹死了。居士死后，见到佛祖后很生气地质问：“我终生奉献自己，诚心诚意地侍奉您，为什么您不肯救我？”佛祖回答道：“我怎么没有去救你？第一次，我派了舢板去救你，你不要，我以为你担心舢板危险；第二次，我又派了一只快艇，但是你，还是不要；第三次，我以国宾的礼仪待你，再派一架直升飞机去救你，结果你还是不愿意接受。”

故事是很幽默，但也反映出现实生活中确实有一部分人很固执。在遇到事时，他们总是一根筋地坚持自己的意见，从来没想过要变通一下解决问题。变通，是人们在无数固执中吃尽了苦头后才学会的一种立身处世的思维方式。从固执到变通，属于量变范畴。既是变量，就有度，变则有度。如果超出了度，也就失去了原则。

生活中，虽然固执己见有时让人觉得你很有个性，但更多的时候给人的感觉是顽固不化。过于固执对一个人的危害是巨大的，它使一个人停滞不前，让成功的希望越来越渺茫。人的思维是跳跃的，不是一成不变的。所以，做任何事情都要学会适时地变通，放弃毫无意义的固执，这样才能更好地做成事情。

吃亏是一种投资

吃亏是一种投资。你宽容地对待别人，凡事礼让为先，为他人着想，能不计较的就不计较，能成全的就成全，能帮助的尽量帮助，这就是最好的人情投资。会吃亏的人朋友多，会吃亏的人容易得到别人支持，会吃亏的人办事自然也会比较顺利。

小王的公司最近正在参加一个服装品牌夏季推广会活动。她很努力，而且她对自己这一次的活动策划很满意。她觉得，这次是她在业内崭露头角的机会。所以，她和她的两个搭档加班加点，牺牲了好几个周末的休息时间。就在她通过一次次的筛选，快要把项目揽到手的时候，老板让她把这个项目给另一个同事来操作，理由是那个同事与客户的关系更好，揽到这个项目的把握性更大一些。老板希望小王理解，为公司做点儿牺牲。小王为此心情很不好。

眼看着自己的劳动成果被同事拿走，自己的美好前景化作了泡影，小王感到心里堵得慌。但最后，小王还是选择了吃亏，把机会让给了同事。经过大家的努力，这个项目终于成功了。公司开庆功会，老板没有忘记小王的功劳，而且对她大方的表现很是欣赏，当众夸奖她甘为公司利益牺牲，是最具发展潜力的员工。不久，小王就得到了晋升。

应该说，这种服从大局的品质是现代职场每个白领必备的，也是职场竞争中一大护身法宝。当然，如果小王不将自己的作品拱手相让的话，她也有可能揽到这个项目。但是，如果你牺牲了团队精神，将来就再也没有人配合你了，你在公司里就成了孤家寡人，很难有第二次的成功。

商业俗语说：“钓鱼需长线，有赔也有赚。”对于生意场上的得失，一定要站得高、看得远。千万不要“只见锥刀末，不见凿头方”，只顾一时的利益，从而失去长远的利益。

蒙牛集团是名满天下的乳业巨头，董事长牛根生是一位闻名遐迩的企业家。在谈到自己早年的创业经历时，牛根生提及他的养母曾告诫他“吃亏是福”这句话。据说，当老牛还是小牛的时候，就已经身体力行此道。他因为养父母的特殊身份遭人殴打，却打不还手，因为他小小年纪就已经深深明白：“不还手挨的打会少得多，一旦还手就可能没完没了地挨打！”

上头奖给老牛的豪华轿车，被他不可思议地变成四辆面包车，然后大大方方地奖励给直接下属；而 108 万元的高额年薪，甚至还曾经被属下欢天喜地地“瓜分”。

在成为蒙牛的掌门人后，他的车、办公室、工资、住房、股份等竟然均不如其副手。为此，他满不在乎地“自嘲”为“五不如”董事长。2000 年，他还出人意料地把林格尔政府奖励给自己的一台价值 104 万元的凌志车换成捷达车，交给副董事长。牛根生成立“老牛基金”，捐出自己的股份，最终让自己“千金散尽”。正是这种“吃亏是福”的高明做法，让牛根生深得人心。也许，正是养母的正确引导，循循善诱，才使得牛根生拥有健康的人格和理性的思维，成为赫赫有名的商业巨子。其实，只有理性的家教，才能培育出一枝独秀的人才；只有理性的人才，才能功成名就，超凡脱俗。

“吃亏是福”是清人郑板桥流传下来的至理名言，经过漫长时间的洗涤和锤炼，走到现在这个浮躁喧嚣、争端不断的时代，仍然为很多智者所推崇，成为他们的处世之道。不能不说，“吃亏是福”是超越时代的智慧。可是，现在的社会态势毕竟是物欲横流，崇奉金钱，人们一个比一个精明，竞相比较的是谁更有本事趋利避害，哪一个还会“吃亏”呢？哪一个还会认为“吃亏”是一种“福”气呢？谁还为“吃亏是福”充当“傻帽”的角色呢？

总想占点小便宜，这是人性使然。但是，并非所有的便宜都值得庆幸，很多便宜的背后隐藏着阴谋。相反，能吃亏的人，则可以躲避祸灾，在宽容大度里，营造了幸福的心境。上天是公平的，当你从这里损失，你必然会从那里得到。因此，吃亏是福。人生一世，功名利禄，生不带来，死不带去，事事斤斤计较，只会徒然给自己增加痛苦。不如看淡得失，放下名利，享受生活的快乐。

能吃亏是做人的一种境界，会吃亏则是处世的睿智。谁也避免不了吃亏，越计较越容易吃亏。与其如此，还不如放开，把自己的眼界放宽、格局放大，用眼前的微薄损失换取日后的广“利”巨“资”。人都是在不断的吃亏中成长起来的，今日的挫折就是明日的财富。会吃亏的人会选择今天吃亏，明日受益。

懂礼仪，你会很受欢迎

在人际交往中，没有人愿意和畏畏缩缩的不自信的人交往。如果不懂怎样和人交往，必将是孤立的。可以说，人际关系的好坏是决定人生成败的重要因素。所以，我们必须注重日常礼仪，随时随地都给别人留下良好印象，说话有尺度，交往讲分寸，办事重策略，行为有节制，别人就很容易接纳你、帮助你、尊重你，满足你的愿望。

在古代自然经济条件下，我们的先人们曾过着一种自给自足、男耕女织、田园牧歌式的生活。但在市场经济迅速发展的现代社会，很难想象谁能不同外人发生多方面的关系而独立幸福地生活下去。广泛全面的社交已经成为人们生活幸福、工作成功的必要条件。现代社会，社交礼仪的地位已越来越重要。它不仅能帮助我们提升自身的气质，给对方留下深刻的印象，而且能与其他公司进行交流，提升员工的素质，还可以增进感情，促使同事与同事之间建立友好的关系。它最为重要的功能还在于可以使人不断地充实自我、升华自我，帮助我们打开人生命运的大门。

综合而言，良好社交礼仪的作用可归纳为以下几点：

第一，良好的社交能点旺人气。事实证明，人际关系好的人，办事顺达。这就是说，你要会恰当地利用社交能力调适人际关系，这样才能达到你期望的目的和结果。在各种不同的社会条件下，追求和谐亲密的人际关系是人类的共同本性。在发达国家，除了自我实现和新生的需要在国民中占优势外，社交需要的人也相当多。在不发达国家，除了生理和安全的需要在国民中占优势以外，社交需要也具有一定的优势地位。由此可见，不论社会条件如何，人们都是需要交往的。只有通过交往去建立和谐亲密的人际关系，才能同他人友好相处，合作共事。

第二，良好的社交能形成网络。职业流动的经常化、人际关系的契约化，促使人们必须不断地面对陌生的交往对象和环境。社会交往的过程，就是交往双方互相认识、互相体验、行为趋同的过程。只有通过交往，我们才能观察他人、分析他人、了解他人。只有通过社会交往，我们才能理解他人的需要、动机、目的、理想和信念。也只有通过交往，我们才能认识、理解、体验和把握自己。因此，我们完全有必要通过自己良好的社交能力来建立关系“网络”，让“网络”为自己的生存提供最多的可能性。

第三，良好的社交能收取信息。社交是人与人智慧的组合。学会社交、利用社交，就能从对方那里获取“另一半丰富的信息”，其优点是以“短”“快”“新”的方式给你提供可贵的“直接信息”。所以，社交必须是直接交往，因为直接交往中充满许多意想不到的好处，其中最重要的一点是使你承载信息、思考发展。信息是财富，良好的社交能力则是收取这个财富的手段，手段是为目的服务的。不愿获得信息的人等于把自己逐出了财富的家园，等于走向了“夜郎自大”的道路。

第四，良好的社交能培养情感。社会交往是实现感情交换的唯一途径。只有通过社会交往，人们才能推销自己的感情，同时赢得别人的友爱。社会心理学知识告诉我们，人们之间感情的认同和共鸣，是在交往过程中，通过交往情境刺激所形成的互通和互相感染的结果。不进入交往过程，不构成交往情境，人们将无法体验别人的感情状态，从而不能恰当地选配自己的感情，以与他人发生共鸣，因而也就不可能赢得别人的喜欢和热爱。

第五，良好的社交能消除距离。人类学家爱德华·霍尔在《无声的语言》一书中，将日常生活中人与人之间的距离分为四类。一是亲密距离，为 8 ~ 15 厘米。亲密距离仅限于情感联系高度密切的人之间，如情人之间，亲人之间。如果情境迫使互不相识的人相互介入他人的亲密距离，如在拥挤不堪的公共汽车上，常常会导致心理上的烦躁，争端也常常因此发生。二是个人距离，为15～50厘米。15～50厘米是朋友之间进行沟通的适当距离。如果陌生人进入这个距离，就构成对别人的侵犯。三是社交距离，为50～90厘米。这个距离适合正式的会谈和外交活动。四是公共距离，为90厘米以上。这个距离不适合人际交往，只适合演讲。有研究表明，在这个距离中进行人际沟通容易造成敌对和相互攻击的气氛。社交的关键在于消除距离，互相沟通，寻找成功。

第六，良好的社交能创造机遇。任何社交都不是盲目的，人们总会在社交的过程中捕捉到成功的条件和因素。因此，成功人士总是在社交与机遇之间寻找必然的联系。美国机遇学大师卡尔·彼特说："抓到机遇抓到命，摸到机遇摸到金。凡是机遇都并不明明白白展现在你的面前，而是需要你用智慧的大脑去破译。"机遇给我们带来的难题是：神秘而不解，偶然而难测。确实，机遇给我们带来了成功，也给我们带来了艰辛。机遇就像一个蒙着面纱的女人，你必须知道如何寻找她、捕捉她、等待她，知道投其所好，先于他人，乘胜追击，借花献佛等，才能最终俘获她的芳心，掀起她的盖头来，才能看到她对你灿烂的笑容。

虚心接受别人善意的忠告

生活中，我们必须学会坦然地接受他人的批评。我们必须承认，除了少数别有用心的人的恶意诽谤攻击之外，绝大部分批评确实是针对我们的弱点和失误来的。所以，在生活或工作中，我们与其等待敌人来攻击我们，倒不如自己先检查一下自己。除此之外，对于别人的批评，我们也应该用一种平常心来对待。

在现实生活里，人们往往可以通过他人的批评来正视自己的过失，修正自己的行为。当别人诚心诚意地提出批评时，自己如果不虚心接受，反而盲目地反唇相讥，往往挫伤对方对自己的感情和积极性，甚至在两人之间筑起心理壁垒。

在人的一生中，总是蕴藏着这样那样的问题。当有人针对我们的问题及时给予我们忠告时，我们一定要正视它，寻求解决之道。只有这样，才能使我们的人生更有意义。

人非圣贤，孰能无过？我们每个人在性格或在待人处世方面，难免有不曾发觉的死角或疏忽。若在此时有人提醒我们，我们应由衷感激。所谓朋友之道，贵在劝导善意忠告。善意忠告是别人送给你最丰富的礼物。孔子云：“良药苦口利于病，忠言逆耳利于行。”正所谓：“人受谏，则圣；木受绳，则直；金受砺，则利。”只可惜，在现代社会，能够直言不讳地指出他人缺点者已日渐减少。

大部分人在一般情况下都不愿意冒着使别人恼恨的危险去善意忠告别人，而抱着独善其身的态度漠视一切。如果人人皆能诚恳、虚心地接受别人的善意忠告，而且人人都期待他人的善意忠告，又会是一种什么样的景象呢？其实，真正能够苦口婆心地劝告我们的人是谁呢？不外是父母、师长、兄弟、妻子、朋友或子女等。他们的目的无非是希望我们在人际关系上更圆满，在事业上更成功。

自古忠言逆耳。大多数人对于善意忠告总有一种逆反心理，从而导致原有的密切关系破裂。在某种程度上说，善意忠告的确是一件危险的事情。如在这种情况下仍有不顾后果提出善意忠告者，一定是对我们怀有深厚感情之人。一个从来不曾受到他人善意忠告的人，看似完美无缺，实际上可说他是一个无良好人际关系的真正孤独者。

从另一个角度来说，善意忠告者也能从你的态度中得知你是一个坦诚的人、骄傲自大的人还是冥顽不灵的人，进而影响对你整个人格的评价。一个谦虚上进、追求完美的人一定是能够接受任何善意建议的人。即使与你只有点头之交的人，也将乐于对你提出善意忠告。

具体而论，接受别人的善意忠告，应把握以下四点：

第一，不逃避责任。别人善意忠告你时，如果你“但是”“不过”“因为”等一味地辩解，或急欲掩饰过错、保护自己，只会使你的过失更加严重，使存在的问题变得更加复杂，从而无法寻找正确的解决之道。

第二，不强词夺理。有些人在犯错误之后，受到长辈的指责，非但不思悔改，反而理直气壮地陈述自己的不正确的理由，说：“你也曾年轻过呀！难道你年轻时就那么十全十美，从没犯过错误吗？”如此态度将使长辈甩袖而去，再也不管你的事了。这对自己有害无益，将会阻碍你人格的发展。

第三，不自我宽恕。许多人遭到失败时，总是替自己找许多理由和借口来宽恕自己。或认为不是自己能力不高，而是时运不济。如持这种态度，最终仍将无法克服自己的缺点，而使自己更显孤独。对于别人的善意忠告，不要漠然置之，必须表现出乐于坦诚接受的态度。

第四，对事不对人。对于别人的善意忠告，应仔细反省其所指责的事物，而绝不能耿耿于怀。敞开胸怀接受批评，彻底反省、思过、改进，接受善意忠告并善加活用，使他人的善意忠告成为自我成长的原动力，这才是一个正常人应持的正确的处世态度。

刚愎自用，自毁前程

所谓刚愎自用，是指顽固、偏执、一意孤行、拒不接受他人意见。

生活中，这种人往往是能力比较强的人，只是要强得有点过火，过于自信，甚至到了自负的地步。刚愎自用含有贬义，谁都不希望自己有这个毛病，谁都不希望他人指责自己有这个毛病。另外，这个指责还比较“特殊”，普通人享用不起，一般是用在“有头、有脸、有身份的人”身上，用在那些对某一领域或某一方面比较精通的权威人士身上。官越大、越有权势的人，若是犯了这个毛病，麻烦可不是一点点。为它，本来可以成功的事会搞得一团糟；为它，原本很有威望的人可能身败名裂；为它，甚至会导致祸国殃民的可怕后果。凡刚愎自用的人都非常自负、傲气十足，都认为自己是穷尽了真理的人。应该说没有一点“资格”“本领”，是不能拥有刚愎自用这个称号的。

凡刚愎自用的人都是顽固、守旧、偏执的人。他们对待某种理念过于专注，认准了就坚持到底、死不回头，还一个劲地认为自己是在坚持原则、坚持真理。实际上，他们认的是死理，一点灵活性都没有。这类人面对世界的发展进步，觉得不可思议或在胡搞。自己的想法明明与时代潮流相违背，却反过来认为是时代在倒退，是一代不如一代。这类人对新事物、新人物、新现象、新趋势一律看不惯，视作洪水猛兽。凡刚愎自用的人，都是极其好面子的人。这类人自尊心强极，一点都冒犯不得。谁若是当面顶撞了他，尤其是在大庭广众之中顶撞了他，他就会火冒三丈，认为是故意和他过不去，故意让他下不了台，是故意在寻衅。他就会从此记在心上，这个“伤口”就很难愈合，往往是一辈子都难以忘掉。

谈到刚愎自用，笔者想起了那位“力拔山兮气盖世”的大英雄项羽，此人就是刚愎自用最典型的代表。史书记载，汉将韩信开始是跟着项羽的叔父项梁做事的，项梁死后归了项羽。他在项羽手下干过，提过不少建议。他对自己在项羽手下那段生活很伤心。韩信攻占了齐国以后，项羽派人去游说他，劝他叛汉，要么归楚，要么中立。韩信当时很伤心地说了这么几句话：“我韩信在项羽的手下干事，官位最高的不超过郎中，职位只是执戟；言不为项王所听，计不为项王所用。我的价值得不到体现。”项羽为什么听不进去？项羽太刚愎自用了，他只相信自己。一个侍从向他提建议，他能放到眼里吗？项羽因此失去了一位军事天才，也为自己的最终失败埋下了祸根。

刚愎自用的人往往是好大喜功的人。这类人喜欢自我肯定、自我表彰，做了一点点有益的事，就沾沾自喜、到处表功，唯恐他人不知道。这类人只喜欢听好话、听吹捧的话，不喜欢听不同的意见，更不喜欢听批评的话。因此，在他的周围聚集着一帮献媚于他的小人，这些小人会投其所好，在他的面前搬弄是非。

刚愎自用是一种非常可怕的坏毛病。它可以使人不知道天高地厚，骄横跋扈，自以为是，离真理越远，离自己身败名裂越来越近。那么，我们怎样才能纠正或消除刚愎自用这一坏毛病呢？下面几点可以去尝试：

第一，虚荣心不要太强，应尽量听取别人的意见。心太满，就什么东西都装不进来；心不满，才能有足够装填的空间。古人说得好：“满招损，谦受益。”做人就应该虚怀若谷，让胸怀像山谷那样空阔深广，这样就能吸收无尽的知识，容纳各种有益的意见，从而使自己丰富起来，不犯文过饰非的毛病。

第二，不要轻易否定别人的意见。要理解别人、体贴别人，这样就能少一分盲目。要善于发现别人见解的独到性，多角度、多方位、多层次地观察问题。这是一个现代人必须具备的素质。无论如何，不能一听到不同意见就勃然大怒，更不能利用权势将他人的意见压下去、顶回去。这样做是缺乏理智的表现，是无能的反映，有百害而无一益。

第三，要有平等、民主的精神。这种精神形成的前提条件是有一种宽容的心态。只有互相宽容，才能做到彼此之间的平等和民主。学会宽容，就必须学会尊重别人。尊重领导，人们一般容易做到。尊重比自己“低得多”的人，尊重普通人、尊重被自己领导的人，却很难很难，尊重就必须从这儿开始。什么叫尊重？就是认真地听、认真地分析，对的要吸收，要在行动上改正。即便是不对的，也要耐心地听、耐心地解释，做到不小气、不狭隘、不尖刻、不势利、不嫉妒，从而将自己推到一个新的高度。

第四，要培养正确的思想方法。人为什么会刚愎自用？一个很重要的原因就在于他的思想方法出了问题，经常是一孔之见还要沾沾自喜，经常是一叶障目还要自得其乐。这类人不懂天外有天，不懂世界的广阔。所以，必须在思想方法上来一个脱胎换骨。

第五，要多做调查研究。刚愎自用者的最大毛病就是自以为是，就是想当然，认为自己在书房里想的一切都是千真万确。明明是脱离实践的，却还要坚持下去。为什么？就是因为他们书本知识太多，实践知识太少。所以，建议这类人多到火热的实践生活中去，进行实地的调查研究，看一看实践是怎么回事，这样就很容易避免刚愎自用的产生。

求人办事，不强人所难

有些人做什么事都只从自己的利益出发，根本不在乎别人有什么困难。一旦自己有事相求，就要求别人非答应他不可。不然，就像人们说的“王八咬人不撒嘴”，非给闹出个结果来。这种强人所难的做法，是求人办事的大忌。

人与人之间的交往应该以自然为宜，双方都觉得没有压力，这才是人际交往的理想境界。提出让别人为难的要求，说明你对别人的期望要求过高，这本身就是一种压力。同时，你的要求令他为难，说明你以前的付出还没累积到可以提这个要求的时候。一棵树上结满了李子，李子成熟时味道甘美。可你非得在李子刚刚长出时就要吃，那尝到的滋味肯定是苦涩的。人际关系也是我们培育的果树，过早地摘取果实，既费了自己的心血，又尝不到果实的美味，万事不可强求。强人所难，是办事过程中的一大禁忌。托人办事，要考虑到人家是否能办得到。如果人家诚心诚意向你表示爱莫能助，就不能强求人家非给你办成不可。

求人办事，不能强人所难。如果对方不愿帮忙，也不能因他不帮忙就让他难堪。他不愿意肯定有不愿意的理由，求人者就应该体谅对方的难处，另想办法。如果对方有顾虑，就应给他充分的考虑时间，千万不能因对方一时没有答应便意气用事，强人所难。

金津得知老同学小鹏的亲戚在政府部门当领导，便找小鹏，希望能通过小鹏的亲戚把他从乡下调到城里。小鹏见老同学相求，虽有些犹豫，但还是答应了。小鹏问过他的亲戚后，亲戚说无法办，小鹏便向金津说明情况。但金津却认为是小鹏不尽心，立即拉下脸说："你真不够朋友，这么一件小事都不帮忙。"说罢，便转身走人。小鹏感觉自己费力不讨好，心里很不是滋味。他原打算讲完这件事后，还要说另一个和他关系不错的人，也有可能办成这件事。但看金津的态度，他也不敢再说这层关系了。他怕如果再办不成，不知金津会怎样对待自己。金津这样意气用事，也是强人所难的一种做法。

当你有事需要求人帮忙时，朋友当然是第一人选，可你不能不顾朋友是否情愿。比如，你想要朋友跟你一起去参加某项活动，朋友表示犹豫。这时，如果你再强行拉他与你同去，就会使朋友左右为难。他如果已有活动安排不便改变，就会更难堪。对你所求，若答应则打乱自己的计划，若拒绝又在情面上过意不去。或许他乐意而为，但心中就有几分不快，认为你太霸道，不讲道理。所以，你对朋友有所求时，应该采取商量的口吻，尽量在朋友方便或情愿的前提下提出所求。同时要记住：己所不欲，勿施于人；己之所欲，勿施强求。

有的人在求领导办事时，频繁地往领导家里跑，尤其在下班以后，也不管人家愿意不愿意，在领导家一"泡"就是几个小时。他以为这样就能获得领导的好感，事情就好办很多。殊不知，这种行为不管有心无心，都有"咬人不撒嘴"之嫌，会使人很不耐烦。

老张在某县的公安局任副局长，大权在握。经常有朋友来找老张帮忙，这些忙有的能帮，有的不能帮。老钟的儿子因盗窃罪被拘留，很可能被判刑。老钟想请老张帮帮忙，说句话，让儿子少坐一年半年的牢。老张是个原则性很强的人，这个忙是肯定不会帮的，老钟的请求当然被老张拒绝了。老钟请老张帮这个忙是强人所难，作为朋友，应深知对方的为人。哪些忙，朋友有可能帮；而哪些忙，会违背朋友的做人处世的原则，根本不应该向朋友开口。老张的原则性很强，不会为了朋友而徇私枉法。

求人办事绝对不能强人所难。如果你提出让人为难的要求，不外乎两种结果：一是遭到别人的拒绝，每个人办事都会从自己的利益出发，没必要为了别人而让自己为难；二是对方可能这次满足你的要求，但这是最后一次，用这次的帮忙彻底回报了你全部的人情，关系很可能从此发生转折或终止。每个人都不是万能的神，能力都有限。提出人能力所不及的要求，是对他人的伤害。

不要总计较个人的得失

佛祖释迦牟尼曾经问弟子："给你一滴水，怎样才能让它不干?"弟子答不上来。

佛祖说："融入大海。"一滴水只有融入大海才能生存，进而有所作为，才能掀起滔天巨浪。同样，一个人也只有融入团队才能生存成长。

在《致加西亚的信》中，主人公罗文之所以能够把信送给加西亚，原因之一就是他背后有一批游击队员，他们安排联系人，安排路线；他们掩护战友，击退一批人。罗文有了他们的帮助，如虎添翼，才成功地到达目的地。

合作可以说是人类社会最基本的规则。很多时候，合作是人类生存的保障。有两个人因马车失事落到荒郊野外，这里没有任何食物。幸运的是，失事时，一个人紧紧抓住了一根鱼竿，另一个人抓住了一篓鱼。两人分道扬镳：那抓着鱼的人在原地搭起火烤起了鱼，美美地饱食了几餐。一直吃了五天，再也没有鱼吃了，于是就饿死在空空的鱼篓边。另一个人带着鱼竿去寻找大海，在第三天，已经见到了海，看到了海面上的鱼。但是，这时他力竭而亡，再也没有力气捕鱼了。换个方式的话，如果他们合作，共用鱼篓和鱼竿，那么在第三天时，一同吃完最后一条鱼，来到海边又可以捕上一批鱼，那时两人都可以活下来。

生意是一种短期的暂时的合作，在短时间内以暂时的条件合作。企业则是一种长期的固定合作关系：老板出钱，工人出力；老板拿利润，工人拿工资。唯有企业生存，员工才能发展。企业是大家的企业，只有企业发展了，员工才能成长。同样，员工成长了，企业才能发展。这是一种合作双赢的关系。

好东西，每个人都喜欢。愈是好的东西，愈舍不得让给别人，此乃人之常情。然而，你已不是小孩，应该能了解“忍耐”这句话的含义。假使你把工作胜利完成，要你把功劳让给上司，也许你会说：“我自己立下的汗马功劳，何必让给上司呢?”的确，大家都不愿意把功劳让给别人。但是，这才是真正重要的事。如果你真的有能力去完成一件事情，那么你立功劳的机会还很多。如果你能克制自己的情绪，而将功劳让给上司，于你无害有利，你只要在下次机会，再次立功即可。

在这大多数人都不肯把功劳让给别人的社会上，如果有人肯大方利落地把功劳让给别人，受到礼让的人一定会吃惊，他们会觉得：“这是真的吗?”等到上司了解事实真相后，一定会感激你，对你产生好感。我们对上司，应怀有一份真挚之热心，这一点极其重要。如果只会打眼前的算盘，短视近利，将来一定会吃亏。

就管理的竞争来说，企业的管理者应该自己反思：自己为在企业中那些立下汗马功劳的人做了些什么，为吸引这些人你都做了些什么。有些企业的人才来自于招聘，他们用高薪和丰厚的条件吸引人才。但从实际情况来看，所有具有竞争力的企业中的人才都来自于内部培养。他们从一个小小的职员开始成长，最终成为企业的中坚力量。在这漫长的过程中，企业为这个人才提供了大量的培训机会，为他提供了重要职责，提供给他失败的机会，提供给他学习的机会，甚至专门为他提供培训教程。

大凡成功的企业，都有两个坚守不变的观念：一是像投资机器设备一样，企业必须在员工身上进行投资；二是重要的培训应该包括所有的员工，甚至清洁工也包括在内。企业是所有员工的企业，每个员工都是企业中的一分子，都是主人翁。因此，每一个员工都应该有机会成为某个领域的行家里手。只要企业里所有员工能够同心协力，能够精诚合作，那么这个企业一定会前程光明，这个企业中的员工也就能获得长足的进步。

公司与员工双赢，员工与公司双赢。同样的道理，企业也要与客户双赢，与供应商双赢，与经销商双赢，与社会双赢，甚至与竞争对乎双赢。因此，每个人也要力图做到与家人双赢，与朋友双赢，与自己双赢。

在现实生活中，个人的成长、企业的发展、文明的进步都建立在合作的基础上。这说明，双赢思维是个人成长、企业发展及文明进步的伟大思维。一个具备双赢思维的人，必定是一个能够站在别人的立场考虑问题的人，必定是一个能够满足他人需求的人，必定是一个开拓进取的人。

第 八 篇

放纵就是毁灭自己

与其献丑，不如藏拙

俗语说：“宁在人前全不会，不在人前会不全。”爱表现，好张扬，频频作秀，都是个性上的弱点，是轻狂、浅薄、缺乏深度的表现。只有不矫揉造作，不惺惺作态，保持含蓄、内敛，才会给人留下好印象。

真正能成大事的年轻人，不会锋芒毕露，咄咄逼人。他们懂得处世要学会隐忍，该藏则藏、该露则露，才能有成功的机会。如果将自己的锋芒四处显露，就会刺伤别人甚至刺伤自己。因此，聪明的人很会把握藏露的尺度，不仅善于在恰当的时候露出自己的锋芒，还善于在恰当的时候藏匿锋芒。巧妙地隐藏是为了更好地释放，适时地暴露是为了充分地表现自己，使自己脱颖而出。能够做到这一点，首先要把握好藏露的尺度。我国有句古话叫“藏拙”。藏拙即隐藏拙劣，不以示人，简言之就是扬长避短。藏拙是人的本能，凡具有健康心理的人都懂得要将自己的优势和美好的一面展示给别人看，主动避开自己的短处、缺陷和劣势。一个瘸腿的人骑在马上相亲获得成功，一个口吃的人用唱歌和别人交流。这虽然是笑话，但揭示了藏拙的意义。隐藏主要有两种情况：一种是隐藏自己的笨拙，藏住自己的弱点，不给他人乘虚而入的机会，而且将自己的长处与优点展示出来，给他人形成一种威慑力；另一种是隐藏自己的才学与目的，不要不合时宜地过分显示自己，避免处于不利地位或者招来攻击。也许有人会说，年纪轻轻就城府极深会使人害怕。但不得不承认，这是保护自己的有效方式。总之，不要让他人轻易地摸清自己的虚实，应该提前准备好防范措施和对策，待机而动。

我们来看一个史实。明代嘉靖时期，一个叫夏言的大臣写得一手好文章，又是朝廷的重臣，颇受皇帝的器重。当时，严嵩在翰林院任低级职务。当他打听到夏言是他江西同乡时，就想利用这层关系去接近夏言，但几次都没成功。严嵩并不死心，特意准备了酒筵，亲自到夏言府上去邀请夏言。宴席上，他使出浑身解数取悦夏言。

从此，严嵩受到了夏言的器重，一再得到提拔，官至礼部左侍郎。夏言担任内阁首辅后，又推荐严嵩接任礼部尚书，位达六卿之列。夏言甚至向皇帝推荐他接替自己的首辅位置，可见夏言对严嵩的器重与信任程度。但是，严嵩极有心计，内心阴狠。他做事小心谨慎，不露一点儿锋芒。平时对夏言仍是俯首帖耳，暗中却在寻找、制造机会，欲将夏言一下子打垮。

嘉靖皇帝迷信道教，他曾下令制作了五顶香叶冠，然后赐给几位宠臣。而夏言一直反对迷信活动，不肯接受香叶冠。严嵩趁皇帝召见时把香叶冠戴上，外边还郑重地罩上了一层轻纱，以显示他对皇上的忠心。皇帝对严嵩大加赞赏，对夏言则表示出不满。除此之外，夏言撰写的青词使皇帝感到不满意，而严嵩却恰恰写得一手好青词。严嵩利用这个机会，在写青词方面大加研究。同时，为迎合皇上的心意，还给他引荐了好几个得道的“高人”。从此，皇帝逐渐地疏远了夏言，而对严嵩却越来越满意。

以后又连续发生了几件事情，使皇帝对夏言越来越不满。严嵩眼看时机已到，一改往日的谦卑与隐忍，在皇帝面前说了夏言许多坏话。

有一次，严嵩与世宗单独在一起时，世宗与他谈及夏言，并对他们之间的不和略有询问。严嵩见状，突然装出一副可怜的样子，全身颤抖，匍匐在地，痛哭不已。他的举动使世宗产生了恻隐之心，催问他是否有难言之隐。严嵩见世宗已经被打动，反而号啕大哭。世宗见他这样伤心，安慰他说：“你有什么委屈，尽管说出来，有朕为你做主，不要害怕。”严嵩见皇上愿意为自己撑腰，便将平时所搜集到的所谓夏言的种种罪状添枝加叶、无中生有地哭诉出来。世宗闻听，非常恼怒，马上下令罢免夏言的一切官职，令严嵩取而代之。

我们绝不提倡严嵩这种使用卑鄙手段使自己获得高升的途径，但从韬光养晦角度来说，严嵩这个人将显露得当、藏露之术发挥到了极致。

藏拙不是掩饰真实，以假面示人，更不是虚荣，而是充分了解自己的缺陷不足，将长处发挥到最好。藏拙也不意味着“高”而“深藏不露”，更不是与世隔绝，而是为了在社会交往中保持一个相对完美的自我，更好地与人相处。

学会感恩是幸福的起点

常言道：“滴水之恩，当以涌泉相报。”感恩是一个人应具备的基本心理素质，我们每个人都要有感恩之心，感恩父母，感恩生活，感恩社会，感恩大地，感恩阳光，感恩万事万物，甚至要感恩你的敌人。只有懂得感恩，具备感恩之心，我们才能对家人、对社会、对国家、对组织、对人民负起责任，才能宽宏大度，才能做到知恩图报，才能有不竭的动力，在自己的工作岗位上，为国家为人民做出更大的成绩，也才能更好地发展自己，成就更加辉煌的自己。

那么，我们怎样才能懂得感恩、做到感恩呢？古时候，要求人们把“仁、义、礼、智、信”作为处世准则。今天，我们又提出了“以热爱祖国为荣、以危害祖国为耻，以服务人民为荣、以背离人民为耻，以崇尚科学为荣、以愚昧无知为耻，以辛勤劳动为荣、以好逸恶劳为耻，以团结互助为荣、以损人利己为耻，以诚实守信为荣、以见利忘义为耻，以遵纪守法为荣、以违法乱纪为耻，以艰苦奋斗为荣、以骄奢淫逸为耻”的社会主义荣辱观。其实，每个人心存感激的法则源于自然法则的作用力和反作用力，因为大自然遵循着种瓜得瓜种豆得豆的道理。你对生命、生活及自然心存感激，生活和大自然就对你赐予厚望。当你将感激之情持久地固定在美好事物之上时，你接受的也将会是美好的事物。当你将自己的注意力集中在美好的事情之上时，美好的事物自然就会包围着你，你的好日子就会到来。心存感激将会将你的心和你所企盼的事物联系得更紧，将使你获得力量，产生对生活、对美好事物的信念。

很多人的生活之所以陷入困境，很大程度上是因为当他们获得生活的馈赠之后，缺少感激之情，所以就失去了接近美好事物的机会。当他们的心中充满怨恨和不满时，他们就会牢牢记住那些不如意的事情。久而久之，他们就失去了生活的乐趣，就会全身心地去关注那些琐事、杂事，继而变得悲凉。假如你心中常常想着自卑之事，你就会变得更加自卑，自卑之事也就会更加可怕地包围着你。

一个原本英俊的雕塑家突然发现自己的面貌、行为举止及神情都变得丑陋、狡诈得令人害怕。于是，他遍访名医，均无良方。一个偶然的机会，他到了一个庙宇之中，向大师寻求帮助。大师了解了情况之后说，他可以治好雕塑家的相貌，但后者必须在他的庙宇中做一年工，雕塑几尊神态各异的观音像。观音多是慈祥、善良、圣洁和正义的化身。在这一年中，这位雕塑家细心琢磨观音的面貌和行动举止，想通过外形塑造出观音的品质德行。他达到了忘我的境界。

当他工作完成的时候，大师带他来到镜子跟前。他惊喜地发现自己已经变得神清气朗、端正英俊。他感谢大师治好了他的丑陋。大师告诉他，是他自己治好了自己的相貌，他的病根是他过去两年中一直在雕塑夜叉。这就是佛家讲的："相由心生，相随心灭。"对人生、对大自然的一切美好的东西，我们只要心存感激，人生就会变得美好许多。

有这样一句话："一个女孩因为她没有鞋子而哭泣，直到她看见了一个没有脚的人。"世间很多不幸，常常是我们没有珍视本身所拥有的，而当失去时才又悔恨。心存感激，我们就必须给予。大自然是不断循环流通的，你给予得越多，你获得的也越多。任何一样东西，当你给予之后，它就会双倍地增加。所以，你收获的也就双倍地增加。难道不是吗？你爱对方，对方就爱你。一旦你播种了仇恨，收获的也会是双份的仇恨。给予收获的规律就是这么简单：想要获得快乐，你就必须给予快乐；想要获得爱，你就要给予爱；想要获得财富，你就必须给予财富……

心存感激，我们就必须宽容。宽容是给予的一种高级境界，是通往我们精神和灵魂的钥匙。能够宽容的人就能够获得正能量。实际上，再也没有什么比仇恨更能堵塞我们力量的增长了。首先，我们应该学会宽容自己，宽容自己的一切愚蠢和错误行为，不要让忧伤和懊悔折磨自己，我们就会从错误中汲取教训。其次，要宽容他人。要爱他人。越早宽容，我们就越早享受生活的美好。

试图把自己强加于人很愚蠢

每一个人都有自己独立的思想，我们应该尊重他人的意见，千万不要将自己的意见强加于人，那样只会获得别人的反感，疏远与他人之间的关系。要想赢得他人对自己观点的认同，我们可以采取引导的方法，使他人自愿接受自己的观点，从而达到自己的目的。

卡耐基说过："你对自己所发现的意念，是不是比别人代你说出的更信得过？如果是的话，你把意见硬生生地塞给别人，这是不是错误的观念？如果提出意见，启发别人去接受你的结论，这不是一个更聪明的办法吗？"将自己的意见强加于人，是成功的绊脚石。一个人要想成功，就要尊重他人的意见。每一个人都希望受到他人的尊重，不喜欢被人强迫去做一件事。我们都喜欢随自己的意愿去做事，也喜欢别人征求我们的愿望、需求和意见。

哲学家孔子说过："己所不欲，勿施于人。"就是讲自己不喜欢的，就不要强加给别人。痛苦是自己所不喜欢的，就不要强加给别人。侮辱是自己不喜欢的，也不要强加于别人。将心比心，推己及人，从自己的利害联想到别人，多站在别人的立场上去考虑问题，这是终生应该奉行的原则。

一位荒唐的眼科医生为病人配眼镜，居然摘下自己的请病人试戴，理由是："我已经戴了十年，效果很好，就给你吧！反正我家里还有一副。"谁都知道这是行不通的，可医生却说："我戴得很好，你再试试，别心慌。""可是，我看到的东西都扭曲了。""只要有信心，你一定看得到的。"经病人一再抗议，医生居然恼羞成怒："算我倒霉，好心没好报。"

这位眼科医生尚未诊断就先开处方，谁敢领教？这虽然是一则笑话，却揭露了一个许多人共有的缺点，就是不在乎别人的喜好与感受而将自己的意见强加于人。

在卡耐基的名著《人性的弱点》中有这样一个故事：有一个将新设计的草图卖给服装设计师和生产商的设计师韦森，三年来，他每星期或每隔一星期，都要前去纽约拜访一位最著名的服装设计师。“他从没有拒绝见我，他也从没有买过我所设计的东西。”韦森说道，“他每次都仔细地看过我带去的草图，然后说：‘对不起，韦森先生，我们今天又做不成生意啦！’”经过150次的失败，韦森认识到自己墨守成规，所以决心研究一下人际关系的法则，以帮助自己找到新的力量。

后来，他采用了一种新的处理方式。他把几张没有完成的草图挟在腋下，然后跑去见设计师。“我想请你帮点小忙。”韦森说道，“这里有几张尚未完成的草图，可否请您帮忙完成，以更加符合你们的需要？”设计师一言不发地看了一下草图，然后说：“把这些草图留在这里，过几天再来找我。”三天之后，韦森回去找设计师，听了他的意见，然后把草图带回工作室，按照设计师的意见认真完成。结果呢？韦森说道：“我一直希望他买我提供的东西，这是不对的。后来，我要他提供意见，他就成了设计人。我并没有把东西推销给他，是他自己买了。”

发生在L医师身上的一个例子也正好说明了这一点。L医师在纽约布鲁克林区的一家大医院工作，医院需要新添一套X光设备。许多厂商听到这一消息，纷纷前来介绍自己的产品，负责X光部门的L医师因而不胜其扰。

有一家制造厂商则采用了一种很高明的技巧。他们写来一封信，内容如下：“我们工厂最近完成一套X光设备，前不久才运到公司来。由于这套设备并非尽善尽美，为了能进一步改良，我们非常诚恳地请您前来指教。为了不耽误您宝贵的时间，请随时与我们联络，我们会马上开车去接您。”

“接到信，真使我感到惊讶。”L医师说道，“以前，从没有厂商询问过我的意见，所以这封信让我感到了自己的重要性。那一星期，我每晚都忙得很，但还是取消了一个约会，腾出时间去看了看那套设备。最后我发现，我愈研究就愈喜欢那套设备了。没有人向我兜售，而是我自己向医院建议买下那整套设备的。”

从上面的例子不难看出，不要将自己的意见强加于人，学会尊重他人的意见，就会改善你的人际关系，拥有更多的朋友，从而为成功打下基础。

盲从的本质是无知

上学时，看到别人谈恋爱，一些人也开始谈恋爱。工作了，看别人考公务员，他们也去考公务员。生活中，看见有人排着队求神医，自己也悄悄地加入其中。社会上，看到许多人去参加某某游行，马上就跟了上去……

曾经，有这样一位大学生，梦想自己毕业后做一个了不起的人，或者是作家，或者是体育健儿，或者是美术家，或者是外交官等。可是，一进入社会，他就感觉这也不行那也不行，否定了自己的能力。结果是一事无成，碌碌无为。

成功不是每个人都可以拥有的，那么，为什么有的人成功，有的人却终生碌碌无为呢？关键在于是否做自己的事情。换句话说，要有自己的想法，按照自己的想法切实可靠地行动。现在是一个行动的社会，希望固然美好，如果不去按照想法去做，就会变成失望，到头来失败的还是自己。

爱默生在他的散文《自己靠自己》中说：“在天才的每一项创作和发明之中，我们都看到了我们过去放弃的想法。这些想法再呈现在我们面前的时候，就显得相当伟大。”

我们每个人都是世上独一无二的，你就是你自己，你无须按照他人的眼光和标准来评判甚至约束自己，你无须总是效仿他人。保持自我本色，是拯救自己最重要的一点。我们不能丢掉自己身上最好的东西，去盲目模仿别人，把自己变成别人的影子。人们只有在找到自我的时候，才会明白自己为什么要到这个世界上、要做些什么事、以后又要到什么地方去等这类问题。假如

“成熟”能带给你什么好处的话，那便是发现自己的信念和勇气——无论遇到什么样的事情。也有人认为，那些不随波逐流的人，通常是一些古怪而又喜欢哗众取宠或标榜自己与众不同的人。我们不会赞赏一个蓬头垢面的人，或在大街上随意吐痰、在公共场合抽烟的人，或是一些无所顾忌的“自由人士”，反而会认为他们像动物园里的猴子一般，文明程度不甚高罢了。

当前，不随波逐流的人真的不多。他们在受到别人攻击的时候，总能坚持到底，不受大众化的影响，这确实需要很大的勇气。在某个社交聚会上，在场的人均赞成某个观点，只有一位男士表示异议。他先是客气地不表示意见，后来因为有人单刀直入地问他的看法，他才微笑道：“我本来希望你们不要问我，因为我是与各位站在不同的一边，而这又是一个愉快的社交聚会。但既然你们问了我，我就把自己的看法说出来。”接着，他便把看法简要地说了一下，立即遭到大家的围攻。但他坚定不移地固守自己的立场，毫不让步。结果，他虽然没有说服别人同意他的看法，却赢得大家的尊重。因为他坚守自己的信仰，没有人愿做别人思想的“应声虫”。

我们每个人的生活面貌都是由自己塑造而成的。如果我们能学会接受自己，看清自己的长处，明白自己的短处，便能踏稳脚步，达到目标，这样就不至于浪费许多时间和精力。不能坚持自己是人性丛林中的一种普遍现象，这也是造成许多精神衰弱症、精神异常或精神错乱的根源。不能表现出自我本色者注定要失败，而且失败得很快。

所以，你既然已来到世上，就应庆幸自己是世上独一无二的。应该把自己的禀赋发挥出来。是什么就唱什么，是什么就做什么。经验、环境的遗传造就了你的面目，无论是好是坏，你都得耕耘自己的园地；无论是好是坏，你都得弹起生命中的琴弦。

每个人在受教育的过程中，都会有一段时间确信：嫉妒是愚昧的，模仿只会毁灭自己，每个人的好与坏都是自身的一部分。纵使宇宙间充满了美好的东西，但如果不努力，你什么也得不到。你内在的力量是独一无二的，只有你知道自己能做什么。但除非你真的去做，否则连你也不知道自己真的能做什么。

在生活和工作中，我们一定要保持自己独立的判断。当你想走自己的路时，不要因为别人或者碍于面子放弃自己的主见和追求。坚持自己，即使错了也不会后悔，因为是自己的选择，所以无怨无悔。在这个不断变化、各种潮流涌动的时代，我们不加思考地追随着别人，浪费自己的精力、时间和生命。希望我们能在做事情之前，冷静思考一下其中的意义。其实，只要认真做好一件事情，比追随一百次的潮流更能获得生命的本质。

做人要感性，做事要理性

感性就是情绪控制行为。当一个人做任何事情都是由心情决定的时候，就是感性。感性的人情绪多变，做事缺乏定力。但是，感性的人往往善解人意，尤其适合文学艺术领域的工作。理性就是行为控制情绪，一个人在做任何事情都是以合理和恰当为标准，不流露感情的时候，就称为理性。理性的关键就是不会感情用事，不用冲动和幼稚。优点是做事严谨，不容易出错，尤其在科学研究、金融、商业等领域都需要理性，缺点是缺乏人情味，甚至是无情冷酷。所以，人无完人，也别给自己太大压力。两者都应拥有，只是每个人都不一样，有些人理性多些，而有些人却相反。不知道你是理性多些还是感性多些呢？

一般人看来，人可以分成两种形态：一是感性；二是理性。一般人对感性之人的印象是不理智、无理取闹，理性的人则是理智而有智慧。所以，大多数人都愿意接受理性的人，对感性的人反而敬而远之。

可事实上，当我们在与人交往时，由于理性的人做事容易一板一眼，不容许自己和他人犯一丁点儿错误，过于追求完美，所以与他相处会给人较大的压力。如此一来，理性的人虽然做事有条有理，但人缘却不是很好。

相比较而言，感性的人就不同了。虽然有时他们显得多管闲事，且易感情用事，但在与人相处时经常会顾虑别人的感受，会同情、谅解、包容别人。

看来，做人还是感性一些好。如果过于理性，待人处世，样样照规矩来，没有变通和弹性，就像机械一样，每一个螺丝都得规规矩矩定位，不能更换，生活还有什么味道呢？当然，我们也不能说理性不好。如果做事理性，你就会少犯错误、少走弯路，更容易达到成功。如果只凭着脑子发热、异想天开地想怎么样就怎么样，结果只会把事情弄得一团糟。这种人只会“成事不足，败事有余”，永远无法领略到成功的风采。

因为理性思考、做事有计划的人办事沉稳谨慎，环环相扣，效率明显，成绩斐然。要做到理性做事，其实是经过生活经验的沉淀而完成的。只要我们认识到感性与理性在同一事件中所起作用而导致的结果，就不难分辨在面对事件时感性与理性谁起主导作用。大部分人都是感性先行，在经过喜怒哀乐后再理性分析。其实，很多事情完全可以理性先行，在事情发生前对事情做出基本的预测和判断，对它的结果也有了预测。话虽如此，可又有多少人能做到理性先行呢？

当然，在生活中，感性和理性是相互依存的，谁也离不开谁。做人感性点，你才会开心，才会快乐，才会抹去世间所有的凡尘杂念，做好自己想做的事，不会管那么多，一切随缘，一切顺其自然。要记得，是你去适应社会，而不是要求你去改变世界。怎样做好你自己，活出你自己，体现你存在的价值，成为你做人的动力，才是最重要的。做事理性点好，这样就会通过严密的思维，办事沉稳让自己少犯错误，少走弯路，自然取得成功的机会也就更大。可以这样说，我们的头脑代表理性，心灵代表感性，我们用了太多的头脑，便会心灵空虚。因此，有时不妨停止运转不息的头脑，感性做人。应该利用情感的时候，我们需要用心灵去感受外面的世界，用心灵去感受人与人之间的温情和友谊。当我们的头脑与心灵达到平衡时，我们的人生就会变得和谐美丽。

感性做人，理性做事，相信自己能散发出人生绚丽多姿的色彩，在这个纷繁复杂的社会大环境中活出自己的个性来，在这个充满竞争的环境中快快乐乐、健健康康地成长、生存、发展，打造出自己的成功人生！

批评的最高境界是让人感觉你在帮他

有一回，美国总统柯立芝批评女秘书。柯立芝对她说：“你今天穿的这件衣服真漂亮，你真是一位迷人的年轻小姐。”这可能是沉默寡言的柯立芝一生中对秘书的最大赞赏。这话来得太突然了，因此那个女孩子满脸通红，不知所措。接着，柯立芝又说：“你很高兴，是吗？我说的是真话。不过，另一方面，我希望你以后对标点符号稍加注意一些，让你打的文件跟你的衣服一样漂亮。”试想，柯立芝也可以直接批评秘书，甚至贬损她，说她的工作怎样的不认真，连标点符号也随便丢掉，你再有这样的失误就停了你的薪水等。

由此可见，在生活中，批评不一定要以批为主。可以针对问题和缺点，加以直接或间接的评判，并指出症结，点明错误，教给方法，督促整改。下面介绍一些可行的委婉批评的方法，可供大家借鉴：

第一，劝告式。批评是一剂“苦药”，虽利于“病”，但没有一个人愿意领略那逆耳的批评。如果我们换一种方式，把逆耳的批评变作善意的劝告，那样“喝药”的人会高兴地喝下，“病”也会除去。

第二，暗示法。如果想让对方接受你的意见，最好用暗示。很多人犯了错之后，为了不在众人面前丢脸，不想将自己的错误公开。虽然有虚荣心在作怪，但也有可贵的自尊心。当我们运用暗示为一个人保全自尊心，既让他明白他所犯的错误，也提醒他不可再犯，这样的批评比大声的批骂更有效。

第三，请教式。面对认识及判断能力较强的人，切忌以居高临下的态度去训斥和指责，因为这是他们最反感的。应该以诚恳的态度、热情的关怀去帮助和引导他们，言语要饱含深情，诱导其主动改正错误。

第四，幽默式。在工作生活中，我们需要肯定地表达自己的观点。在受到某种不合理的阻挠或不公正的待遇时，我们应该表明自己的想法。但是，运用幽默力量的效果会更好。著名电影导演希区柯克有一次拍摄一部巨片。这部巨片的女主角是个大明星，而且长得特别漂亮。她对自己的形象可说是“精益求精”，不停地唠叨着让摄影师注意角度问题。她一再地对希区柯克说：“你一定得考虑我的恳求，务必从我最好的一面来拍摄。”“抱歉，我做不到!”希区柯克大声说。“为什么?”“因为我没法拍摄到你最好的一面，你正把它压在椅子上!”

第五，三明治式。三明治式批评，就是厚厚的两层表扬，中间夹着一层薄薄的批评。即表扬——批评——再表扬。这种批评方式，被批评者容易接受，效果较好。在人们的认知里，批评是一种否定，表扬是一种肯定。三明治式批评用了两个肯定、一个否定，肯定多，否定少，使被批评者心理容易平衡。实际上，批评并不是否定，而是对一个人的帮助与改进。这里只不过是利用了这种不正确的心理反应罢了。

第六，迂回式。心理学家威廉·詹姆士说：“人类本质中最殷勤的需求是渴望被肯定。”所以，我们应该创造一个和谐的交谈氛围，让他感受到你并没有因他犯错而另眼相看，再对其进行批评，就会显得合情合理，从而促使他自省，产生改正错误的愿望。

第七，间接式。一位妻子买了一件衣服，征求丈夫的意见。丈夫觉得这件衣服的颜色太鲜艳了，妻子穿起来不太合适。如果直接批评，就会说：“一把年纪了，还穿这么鲜艳的衣服，岂不成老妖婆了?”毫无疑问，收到的效果将是伤害妻子的自尊心。为此，可以间接地指出否定的意见：“不错，颜色可真鲜艳。如果女儿穿的话，会更好看。”

第八，建议式。用建议而不用命令，不但能维持对方的自尊，而且能使他乐于改正错误。“你觉得这样做行吗？”“这个问题这样做好不好？”“还有更好的解决方法，你说是吧？”总之，当我们用建议式的方法提出批评时，不仅表明了自己的态度，而且也找了一个合适的理由让对方保有面子。这样一来，对方就会愉快地改正错误。

透支人情，越走越窄

人都是有感情的，感情就是人与人之间相互联系的纽带。我们通常把人与人之间的感情称作“人情”。中国是文明古国、礼仪之邦，在人际交往中，向来是很讲人情的。但是，人情的利用也讲究原则和分寸，使用无度只会适得其反。

生活中，经常有这样的人，帮了别人的忙，就觉得有恩于人。于是，心怀一种优越感，高高在上，不可一世。这种态度是很危险的，常常会引发反面的后果，也就是“帮了别人的忙，却没有增加自己人情账户的收入”。这是因为，这种骄傲的态度把这笔账抵销了。永远记住，一种行为必然引起相对的反应行为。只要你有心，善于帮助别人，留意给人面子，多储蓄一些人情，你将会获得更大的帮助、更大的面子和更多的人情。但是，动用人情比存款更讲究方法，千万不能过度。

人情一旦透支，你们之间的感情就会转淡，甚至对你避之唯恐不及，那么，有可能进一步发展的情分就此了断。因此，尽量把人情用在刀刃上。先弄清你与对方的交情究竟有多少，人情究竟有多重，然后再掂量事情的分量，看看是否适宜找对方帮忙，千万不要没个轻重缓急。要做好估算，动用人情的次数要尽量少，以免提早把人情存款用光，那样也会“情到用时方恨少”。不要“剃头的担子一头热”，要想办法做些适度的回馈，让人家觉得你有“人情”。回馈有很多种，如主动去帮对方、请吃饭、送礼物都可以。总之，不要把人家帮你忙当成应该的，有借有还，再借不难！

申力是一名医生。早在两年前，他曾因自己孩子转学一事求过教委的一个同学，而且也送了些人情钱，可对方没要。这下可好，在接下来的两年内，那位同学便多次带着亲友、朋友来医院找申力帮忙。有些事根本不能办，像半价 CT、婴儿性别鉴定、高价病房算低价等，着实给他出了不少难题。还了人情的申力，他后来就想办法渐渐远离这位同学。再后来，两人就索性不交往了。可见，依靠人情办事是有一定限度的，透支了反而令人尴尬。

文先生毕业于某名牌大学中文系，几年来，在文坛上也算小有成绩。后来，他接编了某杂志。由于杂志社财源并不丰裕，不仅人手少，稿费也不高。但他又不愿因稿费不高而降低杂志的水准，于是，他开始运用人情向一些作家约稿。这些作家和他都有过交情，也都点头应允了。但是，一次两次还好，后来次数多了，他们就开始找各种借口推辞。他也不知道是什么缘由，暗自纳闷。经过再三催问，其中一位终于坦白地跟他说："我是以朋友的立场写稿，你们的稿费太低了，错不在你。但你这样子做，是在无度地耗用人情资源。"他这才恍然大悟。

人和人相处，总是会有情分的。这情分就是"人情"。有些人喜欢用"人情"来办事，但"人情"是有限的。"人情"就像你在银行的存款，你存得越多，提出来的钱就越多；存得越少，提出来的钱就越少。你若和别人只是泛泛之交，你能要他帮的忙就很有限，因为他没有义务和责任帮你大忙。你更不可能一次又一次要他帮你的忙，因为你的人情存款只有那么一点。无度地耗用人情，一般会造成两个结果：一是会使你们之间的感情开始转淡，继而让他对你避之唯恐不及，那么有可能进一步发展的情分就此断了；二是你在他眼中变成不知人情世故的人，这对你是相当不利的。然而，一个人做事不可能单打独斗，有时还是要用到亲戚朋友。换句话说，要动用到人情存款。那么，如何动用才不至于"无度"呢？做好估算，尽量把人情用在刀刃上。先弄清你与对方的交情究竟有多深，人情究竟有多重，然后再掂量事情的分量，看看是否适宜找对方帮忙，千万不要没个轻重缓急。动用人情的次数要尽量少，以免提早把人情存款用光，那样也会"情到用时方恨少"。

人本来是容易忘恩的动物。所以，就是对方曾欠你一些人情，你也不可抱着讨人情的心态去要求对方帮忙，因为这不仅可能引起对方的不快和反感，还可能让这情分到此结束。人情储蓄不能即存即支。如果你急于找后账，急于在这笔人情账中得到回报，你就犯了人情世故的大忌。你就会在找这笔后账中，既丢掉了人情，丢掉了面子，也丢掉了做人的原则和进退的分寸。对一些斤斤计较的人，要特别注意，你们纵然交情再深，也不可轻易找他帮忙。否则，这人情债就会像在地下钱庄借钱那样，让你吃不消。还要懂得适度回馈，如果你不管不顾，动辄就求人帮你的忙，那么随着时间的推移，你就会慢慢变成一个不受欢迎的人。当然，也有主动帮你忙的人，但切勿认为这是理所当然的。你若无适度的回馈，这也是一种“耗费”。所以，要注重长线投资。

俗话说：“路遥知马力，日久见人心。”大多数的人情投资都需要较长的时间才能结出果实。毕竟，人与人之间的理解与信赖需要一个过程。

开玩笑要注意分寸

有人说，开玩笑是生活中的清醒剂和润滑剂。因为有了玩笑，生活才变得有趣和生动。一个玩笑，由两部分组成：开玩笑的人和玩笑的对象。可生活中有些人或有些事是开不得玩笑的，应把握分寸和场合。

在工作或生活中，同事之间、朋友之间相互开个善意的、恰当的玩笑，可以调节、活跃严肃的气氛，缓解紧张工作和枯燥生活带来的压力，增进彼此间感情的和谐。一个集体中有一个喜欢开玩笑的人，就像引擎有了润滑剂一样，和谐、顺畅。工作有这样的成员，每天都是开心、舒畅的。这样的人带给团队的是另一种形式的凝聚力，他是团队的一个活宝。同样，经常成为玩笑对象的人，也是团队的活宝，更是欢乐的源泉。

当然，任何事情都有一个度，开玩笑亦是如此。开了过头的玩笑，会出现尴尬、沮丧甚至引起他人的愤怒，影响朋友或同事之间的感情，同时也给所处的环境造成紧张与压抑，损害办公室成员之间的团结。这是我们不愿意看到的，也可能是开玩笑的人始料不及的。

一家电力公司的一位男员工新婚不久，大概是心情愉快、生活稳定吧，人渐渐胖起来，和婚前差了很多。

有一天，一位女员工的先生来了。他和那位日渐发胖的员工是旧识，便聊了一会儿。女同事的丈夫突然对新婚的同事说：“你怎么搞的？胖成这个样子，满脸横肉，像肥猪一样。”大家听了，笑了起来。

那位员工一时变了脸色，一句不吭。等笑他胖的那人走了，他才爆发开来，大骂他说话恶心。

人们谈心、聊天，开个得体的玩笑，可以松弛神经，活跃气氛，创造出一个适于交际的轻松愉快的氛围，因而诙谐的人常受到人们的欢迎与喜爱。但是，开玩笑开得不好，则适得其反，伤害感情。因此，开玩笑要掌握好以下“规则”：

第一，内容要高雅。笑料的内容取决于开玩笑者的思想情趣与文化修养。内容健康、格调高雅的笑料，不仅给对方以启迪和精神上的享受，也是对自己美好形象的有力塑造。钢琴家波奇一次演出时，发现全场有一半座位空着，便对听众说：“朋友们，我发现这个城市的人们都很有钱，我看到你们每个人都买了两三个座位的票。”于是，这半屋子的听众放声大笑。波奇无伤大雅的玩笑使他吸引了更多的观众。

第二，态度要友善。与人为善，是开玩笑的一个原则。开玩笑的过程，是感情互相交流传递的过程。如果借着开玩笑对别人冷嘲热讽，发泄内心厌恶、不满的感情，那么除非是傻瓜，才识不破。也许有些人不如你口齿伶俐，表面上你占到上风，但别人会认为你不尊重他人，从而不愿与你交往。

第三，行为要适度。开玩笑除了可借助语言外，有时也可以通过行为动作来逗别人发笑。有对小夫妻，感情很好，整天都有开不完的玩笑。一天，丈夫摆弄玩具枪，对准妻子说：“不许动，一动我就要你小命！”说着扣动了扳机。结果，妻子被意外地打伤了。可见，玩笑千万不能过度。

第四，对象要区别。同样一个玩笑，能对甲开，不一定能对乙开。人的身份、性格、心情不同，对玩笑的承受能力也不同。一般来说，后辈不宜同前辈开玩笑，下级不宜同上级开玩笑，男性不宜同女性开玩笑。在同辈人之间开玩笑，则要把握对方的性格与情绪。对方性格外向，能宽容忍耐，玩笑稍微过大也能得到谅解。对方性格内向，喜欢琢磨言外之意，开玩笑就应慎重。对方平时生性开朗，但正恰好碰上不愉快或伤心事，就不能随便开玩笑。相反，对方性格内向，但正好喜事临门，此时与他开个玩笑，效果会出乎意料地好。

第五，场合要分清。美国前总统里根一次在国会开会前，为了试试麦克风，张口便说：“先生们请注意，5 分钟之后，我将对苏联进行轰炸。”一语既出，众皆哗然。里根在错误的场合、错误的时间里，开了一个极为荒唐的玩笑。为此，苏联政府提出了强烈抗议。总的来说，在庄重严肃的场合不宜开玩笑。

玩笑是要开的，但要选择好合适的地点、合适的场合和合适的对象。

第十篇

突破自我，完美人生

不该说的话，千万别说

“祸从口出”曾经是先人们留下的一个教条。在古代，因一句话而丧命甚至满门抄斩、株连九族的惨剧数不胜数。所以，在当时，大家常用“祸从口出”告诫那些说话无所顾忌的人。“祸从口出”并不是不让人们说话，而是告诫人们说话一定要慎重。常言说：“言多必失，谨开言，慢开口。”会说话的想着说，不会说话的抢着说。开口说话要动脑筋，要看说话的对象，要看说话的地方，怎样开口，有一定的学问。

古人对待因言获罪的问题时，提倡恶语善说，即既要表达志不同不相为谋的意思，又要表明自己的立场，不伤害对方的自尊心。君子绝交，口不出恶言。把这种保护自己的哲学引申开来，在现实生活和工作中，就应该重视察与不察。善于明察的人并不一定是明智的，能够明察也能够做到不察的人，一定是明智的。这是因为，自己洞察了事情的本质，却偏偏有人不愿把事情的事实说出来，只好装作不知，才能使自己免遭不必要的是非。内精明而外浑厚，沉默是金，大智若愚，这才是处事的道理。

说话，要懂得什么时候说什么话；说了，还要为自己说过的话负责任。舌头是人的利器，也是人的祸害。无论你是吃硬饭还是吃软饭，舌头能帮你也能害你。所以，管不好自己的舌头，就要面临祸从口出的灾难！

有些人心里藏不住话，听到什么看到什么就爱四处传播，这是很没“心眼”的人。俗话说：“病从口入，祸从口出。”是非往往是我们多嘴多舌造成的。当然，人长了嘴巴就是要说话的，但说话一定要看场合、看时机。如果说话不看场合，不讲究方式方法，不分责任，不考虑结果，往往容易惹出是非和麻烦。爱说敢说的人，如果不注意控制，就更容易因话惹祸。这时，不管你是有心还是无意，长期下去最终会害了你自己。大家会认为，你是个品行不端的人。

在日常生活中，舌头惹出的风波太多了。不负责任的背后瞎说，毫无根据的怀疑猜测，不经调查的轻信乱传，东拉西扯的闲言乱语，都会给许多人造成痛苦和烦恼，给人世间增加许多是非和不幸。“害人的舌头比魔鬼还厉害……上帝仁慈为怀，特地在舌头外面筑起一排牙齿，两片嘴唇，好让人们在开口说话之前多加考虑。”这是一位文学家的语言，寓意开口别伤人，更不能伤害无辜的人。其实，言为心声，言语受思想支配，反映一个人的品德。所以说，管住自己的舌头是你自己施德的为人表现，更是做人最大成功的体现之一。反之，则要付出沉重的代价。

秦小姐在某国家机关做办公室文员。她性格内向，不太爱说话。可每当就某件事情征求她的意见时，她说出来的话总是很伤人，而且她的话总是在揭别人的“短处”。有一次，同一部门的同事穿了一件新衣服，别人都称赞“漂亮”“合适”。可当人家问秦小姐感觉如何时，她便毫不犹豫地回答说：“你身材太胖，不适合。这颜色对于你这个年纪的人显得太嫩，根本不合适。”

这话一出口，原本兴致勃勃的同事表情马上就僵住了，而周围大赞衣服如何如何好的人也很尴尬。这是因为，秦小姐说的话就是大家都不愿说的得罪人的“老实话”。虽然有时她也很为自己说出的话不招人喜欢而后悔，但她总是忍不住说些让人接受不了的实话。久而久之，同事们把她排除在集体之外，很少就某件事再去征求她的意见。她也成为这个办公室的“外人”。

“快人快语”在人际交往中容易得罪他人，会让你在人际关系上屡遭挫折。你到医院探望住院的同事，你知道他病情很严重而他自己却不知情。如果你直接把自己知道的情况告诉他，你一定会因为鲁莽而不能被大家原谅。早晨上班遇到熟人，他向你问好，你心里烦恼，便口无遮拦地说：“好什么好，真见鬼了。”呛得人不知所措，你一定会被认为是一个不知好歹、没有修养的人。

所以，一个心理成熟、懂得社交技巧的人应该知道在什么时候以怎样合适的方式说话办事。实话不一定要直说，可以幽默地说、婉转地说或者延迟点说、私下交流，而不是当众说。同样是说实话，用不同的方式说，效果会有很大的不同。

不要表现出你比别人更聪明

在人际交往中，每个人都希望能得到别人的肯定。当你让朋友表现得比你聪明时，他就会有一种得到肯定的感觉。但是，当你表现得比他还聪明时，他就会产生一种自卑感，甚至对你产生敌对情绪。这是因为，谁都在自觉不自觉地强烈维护着自己的形象和尊严。如果有人对他过分地显示出高人一等的聪明感，那么无形之中就是对他自尊的一种挑战与轻视，排斥心理乃至敌意也就应运而生。

真正聪明的人，从来都是低调内敛的，从不自恃有才而骄傲自大、目中无人。俗话说："人心隔肚皮，虎心隔毛衣。"在人生的竞技场上，如果你真有才华，也千万别显示你比别人聪明，那样不仅会让你失去更多的朋友，还会招来忌恨。

如果你想知道一些有关处理人际关系、控制自己、完善品德的有益建议，不妨看看本杰明·富兰克林是怎样做到的。

富兰克林是美国历史上最能干、最和善、最老练的外交家。当富兰克林还是个毛躁的年轻人时，一天，有位教会的老朋友把他叫到一旁，尖刻地训斥了他一顿："你真是无可救药。你已经打击了每一位和你意见不同的人。你的意见变得太珍贵了，没有人承受得起。你的朋友发觉，如果你在场，他们会很不自在。你知道得太多了，没有人再能教你什么，也没有人打算告诉你些什么，因为那样会吃力不讨好，而且又弄得不愉快。因此，你不能再吸收新知识了，但你的旧知识又很有限。"

富兰克林的优点之一，就是他接受那次的教训。他已经能成熟、明智地领悟到他的确是那样，也发觉他正面临失败和社交悲剧的命运。他立刻改掉了傲慢、粗野的习惯。“我立下一条规矩，”富兰克林说，“决不准自己太武断。我甚至不准自己在文字或语言上有太肯定的意见表达，比如‘当然’‘无疑’等，而改用‘我想’‘我假设’‘我想象这件事该这样或那样’或‘目前，我看来是如此’。当别人陈述一件事而我不以为然时，我决不立刻驳斥他或立即指正他的错误。我会在回答的时候，表示在某些条件和情况下，他的意见没有错，但在目前这件事上，看来好像稍有两样等。我很快就领会到我这种改变态度的收获：凡是我参与的谈话，气氛都融洽得多了。我以谦虚的态度来表达自己的意见，不但容易被接受，更减少了一些冲突。我发现自己有错时，我没有什么难堪的场面。”

中国人自古以来就讲究“守拙”。“守拙”即在别人面前故意掩盖自己的聪明才智，让别人觉得自己更聪明，以赢得别人的好感。可以说，“守拙，是一种掩饰自己、保护自己、积蓄力量、等候时机的人生韬略，更是一种做人的大智慧。历史上，藏拙最成功的例子莫过于清帝咸丰了。道光皇帝晚年需要选定接班人，最有可能一承大统的唯有五阿哥奕(即咸丰皇帝)和六阿哥奕䜣。论文成武德，奕䜣远胜獐头鼠目且跛足的奕。道光皇帝对两人进行了两轮测试。第一轮，南苑比武射猎。奕䜣满载而归。咸丰既不上马，也不射箭，两手空空。道光问他为何一无所获，答曰：“春来万物生长，不忍射杀母鹿使小鹿失去护佑。”道光感其仁，赞许之。第二轮，比治国方略。奕䜣口若悬河，头头是道。轮到咸丰时，他一言不发，跪地号哭。问之，云只望父皇康健，寿与天齐，万岁万岁万万岁。道光感其孝，更加赞许，便将皇位传给了咸丰。这就是有名的“藏拙示仁”与“藏拙示孝”。

当今社会，很多人都很爱“秀”，什么事都喜欢“秀”一把，而忽略了“藏拙”的重要。其实，无论是客观条件的限制还是主观因素的限制，每个人都会遇到自己不了解、不擅长、无可奈何、不知所措的情况和问题。这时，“藏拙”是最行之有效的对策和手段。

我们每个人都希望有自豪感，可自豪感也有两面性。一旦它与骄狂、偏见及狭隘同行，与同情、谦逊及友谊分手，就成了一种消极的品质。这种虚幻的自豪感是偏狭、傲慢和无知，是因为对创造性生活的无知，对朴实、谦恭和果敢的无知。妄自尊大的悲剧在于，它阻止人们达到完美和正直的高度。真正的自豪感来自于对自己的理解。这是一种由成功和谦恭结合而成的幸福。虚心能使自己保持头脑的冷静和思索的敏锐，最大限度地了解困难和不利条件，为整体成功创造有利因素。

虚心是在坚信自己力量的同时表现出的宽广胸怀。虚怀若谷的人，往往是知识渊博、成功系数最大的人。因此，虚心是成功的第一块基石。虚心，唯有真正的虚心，才是成功的条件。表面上的谦虚，受制于环境的虚心，这是无济于成功的。

架子越大，口碑越差

一个富人在穷人面前摆架子，说道：“我家有千金，你为什么不奉承我?”穷人说道：“你富你的，与我有什么关系？我为何要奉承你?”富人说：“那么，如果把我的钱财分一半给你，你奉不奉承我?”穷人回答说：“如果你五百我也五百，我和你的财产就相同了，我还奉承你干什么?”富人又问：“那我把财富全部送给你，你还能不奉承我吗?”穷人答道：“你千金一个不剩，而我有了千金，那你就该来奉承我了。”

生活中，爱摆架子的人比比皆是。哪怕只是当了个芝麻大的官，也要把官腔打足，官架摆足。但在别人面前摆架子，其实是最愚蠢的行为。有人说，“架子”越大，身份越低。如果你总是以一副不可一世的姿态对人，久而久之，亲朋好友也必定对你敬而远之。

爱摆架子的人，容易自以为是，比较容易指点江山，挥斥方遒。他们往往是弄明白了一个问题，就误以为无所不知了；做成功了一件事，就误以为自己什么事都能做成。殊不知，一味地装腔作势只会让别人敢怒不敢言，表面上恭恭敬敬，心里却巴望着你一头栽下去，永世不得翻身。要知道，摆架子很容易疏远彼此关系，搞不好还会使自己“臭名远播”。

时下很多人以“老板”自居，一副高高在上的姿态，听不进员工的意见，不关心员工的想法。平时喜欢对下属指手画脚，批评时更是声色俱厉，缺少谦和的态度。不知这些老板是否清楚，他们“架子”越大，官气越足，员工就越反感，与他们的距离就越远。日积月累，不仅不利于各项工作的开展，员工的意见也会越来越大。

其实，究竟能不能当好老板，不在于“官架子”端得大不大，而在于是否具有亲和力，是否得到员工的认可，能不能让员工真正地信服和敬仰。那些有“官样儿”的老板，事实上成了凌驾于人民之上的“官老爷”，让员工敬而远之。大凡做领导的人都喜欢给人以精力充沛、做事果断的感觉，喜欢以强有力的形象出现在下属面前。在这些领导的心目中，自己是管理者和统治者，公司的员工是被管理、被统治者，两者根本不能混在一起。他们崇尚无威不治，故意疏远下属，认为做领导就要有做领导的样子，只有高高在上，让下属敬畏，下属才会努力干活，不捣乱生事。下属必须任由自己驱使，每个人都得对自己卑躬屈膝，迎合自己的情绪和癖好。他们喜欢看到下属对自己卑躬屈膝的样子，他们与下属之间永远有一道不可逾越的界线。这样的领导只有当下属对他畏之如虎，不敢有半点不恭敬时，才会感到他具有的独裁欲与乐趣。

而高明的领导却不这样统御下属，他甚至没有领导的意识，也就更不会端领导的架子了。他随和地往来于员工之中，平常根本看不出他与众不同的身份，下属可以很随便地对他说：“喂，领导，你的领带今天又打歪了。”他也会在高兴时拍着某助手的肩膀，请他到对面的小店去喝杯小酒。

高明的领导不仅不把自己当领导，还没有“我的”“你的”的概念，他总用“其实不是下属们在为我工作，而是我和他们共同为人家工作”的思想去思考问题。他的公司里，每个员工都有自己的梦想和追求，他绝对不会用某个框框去限制大家，反而尽最大可能支持他们。

高明的领导从不轻易得罪下属，从不对下属说一句苛刻的话。即使是下属错了，他也会平心静气地与下属一起研究解决，更不会去抓谁的小辫子，去打击那些直言进谏的人，下属可以随时发表自己的看法：“领导，我觉得你提的某某建议不是很可行，我们建议……”他会十分兴奋地告诉下属：“好吧，这事你直接负责，就照你说的去做吧。当然，如果在做之前你能考虑一下我的建议，也许会更好些。”

高明的领导会有效地抹去下属与领导间的敌对与不信任，大家打成一片，相互激励，全公司形成一个团队。个人的目标就是共同的目标，公司的事就是自己的事，而一个人为自己做事时，是不会有怨言的。

一个老板事业的成功当然要依赖下属的全力支持。一个具有亲和力的领导更容易做到这一点，靠端架子，摆威仪树立自己的领导威信，只会成为孤家寡人，越活越累。而那些糊涂得“忘了”自己身份的领导，与下属打成一片，以个人魅力影响而不是靠权术统御下属的领导，是最成功的领导。

张扬处世不如低调做人

凡是爱张扬的人，从心理上说，他们是不自信的，把一些不足挂齿的东西幻觉化。因此，他们在行动上常常显示自己的优势。实际上，人们最讨厌那些张扬的人。有名教师，业务上可谓出类拔萃，但他时时处处，事事都在张扬自己的长处，唯恐人们不知道他。由于他处处张扬，许多同事便对其十分反感。为什么会这样呢？人们的接受心理往往有一种奇特的现象，他自己多些谦虚，少些张扬，人们会对他报以尊敬。如果他自我感觉太好，自我炫耀多于实事求是，人们便会对他报以不屑。

由上可见，人不能太张扬，张扬实际上是一种张狂。俗语中有“人狂没好事，狗狂挨砖头”之说。说得文雅一点，人如果太张扬便会给自己带来麻烦；说得难听一点，如果不想做挨砖头的狗，就绝不能太张扬。

生活中，不但不要过于张扬，还要学会低调做人。低调是一种修养、一种风度、一种文化、一个现代人必须具备的品格。在低调中修炼自己，低调做人，无论在官场、商场还是政治军事斗争中都是一种进可攻、退可守，看似平淡，实则高深的处世谋略。要低调做人，就要学会谦卑。谦卑是一种智慧，是为人处世的黄金法则。懂得谦卑的人，必将得到人们的尊重，受到世人的敬仰。同时，还应懂“大智若愚”，大智若愚重在一个“若”字，“若”设计了巨大的假象与骗局，掩饰了真实的野心、权欲、才华、声望、感情。这种甘为愚钝、甘当弱者的低调做人术，实际上是精于算计的隐蔽。它鼓励人们不求争先、不露真相，让自己轻轻松松过一生。

那么，低调做人还有哪些更为具体的内容呢？我们可以从以下几个方面去解读：

第一，从心态上讲。做人不要恃才傲物。当你取得成绩时，你要感谢他人、与人分享、为人谦卑，这正好让他人吃下一颗定心丸。如果你习惯了恃才傲物，看不起别人，那么总有一天你会独吞苦果！应该记住，恃才傲物是做人一大忌。容人之过，方显大家本色。大度睿智地低调做人，有时比横眉冷对地高高在上更有助于问题的解决。对他人的小过以大度相待，实际上也是一种低调做人的态度。做人要圆融通达，不要锋芒毕露。功成名就需要一种谦逊的态度，自觉地在名利场中做看客，开拓广阔心境。不要太把自己当回事，才不会产生自满心理，才能不断地充实、完善自己，缔造完美人生。

第二，从行为上讲。人们常说："出头的椽子易烂。"生活中，有人稍有名气就到处扬扬得意地自夸，喜欢被别人奉承，这些人迟早会吃亏的。所以，在处于被动境地时，一定要学会藏锋敛迹、装憨卖乖，千万不要把自己变成对方射击的靶子。财大不可气粗，居功不可自傲，才是做人的根本。要低调做人，不要小聪明，让自己始终处于冷静的状态，在"低调"的心态支配下，兢兢业业，才能做成大事业。除此之外，还应该谦逊，谦逊能够克服骄矜之态，能够营造良好的人际关系。人们所尊敬的是那些谦逊的人，而不是那些爱慕虚荣和自夸的人。再者就是规避风头。老子认为，"兵强则灭，木强则折""强梁者不得其死"。老子这种与世无争的谋略思想，深刻体现了事物的内在运动规律，已为无数事实所证明，成为广泛流传的至理名言。

第三，从言辞上讲。不能拿朋友的缺点开玩笑。不要以为你对对方很熟悉，就随意取笑对方的缺点，揭人伤疤。那样就会伤及对方的人格、尊严，违背开玩笑的初衷。放低说话的姿态，面对别人的赞许恭贺，应谦和、有礼、虚心，这样才能显示出自己的君子风度，淡化别人对你的嫉妒心理，维持和谐良好的人际关系。讲话时要有分寸，不要伤害他人。礼让不是人际关系上的怯懦，而是把无谓的攻击降到零。在得意时，要少说话，而且态度要更加谦卑，这样才会赢得朋友们的尊敬。为人处世中，还应该牢记，你永远不能率性而为、无所顾忌，话语出口前，考虑一下别人的感受，是一种成熟的处世方法。记住，沉默是金。

做到以上几点，相信你在为人处世中，会少一些困难与阻碍，多一份喜悦与收获。

无聊的争辩没有赢家

生活中，不少性子急躁的“直肠子”年轻人遇到一点小事就喜欢与人“抬杠”。无论这件事是否值得他去争辩，他都恨不得最后对方向他跪地求饶，他才肯罢休，似乎从中能得到一种满足感。但无意义的争辩除了显示自己的好斗外，没有任何好处。

19 世纪时，美国有一位青年军官个性好强，总爱与人争辩，经常和同僚发生激烈争执。林肯总统因此处分了这位军官，并说了一段深具哲理的话：“凡是成功之人，必不偏执于个人成见。与其为争路而被狗咬，毋宁让路于狗。因为即使将狗杀死，也不能治好被咬的伤口。”

在人际交往中，每个人都会遇到相异于自己的人。大至思想观念、为人处世之道，小至对某人、某事的看法的评论，这些程度不同的差异都会外化成人与人之间的争执与论辩。生活中，我们经常可以看到为了一点小事与人争辩得脸红脖子粗的人，甚至有些人还会大动干戈。如果你在争辩中碰到一个无知的人，又怎么能用辩论换来胜利呢？你把他的说法攻击得体无完肤，那又能怎么样呢？假如碰到一个心胸狭窄的人，在辩论中输了，必定会认为自尊心受损，日后找机会，必然会报复。这是因为，一个人若非自愿地屈服，内心仍然会坚持己见。

每当你要与人争辩时，不妨先考虑一下，到底要什么呢？一个是毫无意义的“表面胜利”，一个是对方的好感。所以，美国一家著名的保险公司训练销售员的第一条准则便是——“不要与人争辩”。在日常生活中，我们应该怎样避免无意义的争辩呢？

第一，为争辩定下一个积极的格调。当你与别人争辩时，首先要意识到自己的想法、意见与人相左时，当你的言行遭人非议时，你的本能大概就是奋起辩驳。因此，许多毫无意义的事情往往就在这时发生了。为了避免无益的辩论，你需要对如下问题进行冷静思考。一是如果你能最终获得争辩的胜利，它有什么意义？没有什么积极意义，大可不必动用你的“唇枪舌剑”，一笑置之最妙。二是你的辩论一番的欲望更多的是基于理智还是感情原因？如虚荣心、表现欲，还是面子上下不来。如果是感情原因，大可就此打住。三是对方充满敌意吗？他对你有深刻成见吗？如果是，那么在这种非理性的氛围中最好不要再火上浇油。同样，如果你是处于这样一种心境，绝对不要向对方提出论题辩论，因为此时你提不出理性的论点，在辩论伊始，就注定了你失败的命运。

第二，使争辩成为一种愉快的、和平的思想交换。辩论是为了明是非、求真理。只要我们的辩论出自公心，就能采取积极的态度，使用积极、恰当的论辩语言去参加辩论。一是论点要站得住脚，即为追求真、善、美而去积极地争辩。做到观点正确，旗帜鲜明。二是树立正确的辩论道德观。把辩论置于科学基础之上。以理服人，让事实说话。辩论者要有高深的涵养；不搞诡辩，不揭隐私；不搞人身攻击；不把观点的敌对引申为人际的敌对；不靠嗓门压人，有理不在声高，如果你能用有制有节的音调语气道出你的理，其效果不亚于如雷贯耳。三是用真情、善意、美感与人辩论，就能做到晓之以理、动之以情。理与情恰恰是列车通往“积极争辩”的双轨，缺一不可。

第三，掌握“解剑息仇”的妙方。经过一阵唇枪舌剑，胜负已成定局。做好辩论的善后工作，具有非常重要的意义。在生活中，观点的对立极易产生人际间的隔阂。因此，学习辩论语言既要学会辩论技巧，更要懂得如何“解剑息仇”，这是在辩论这种特殊交际场合下，社交者做到言谈有“礼”的最高境界。下面就是使你达到最高境界的三个途径：一是如果你失败了，而且败得其所，必须要有敢向真理低头的胸怀。向真理低头并不等于向论辩者本人低头。在真理面前人人平等，你所服从的是对方所道出的真理，只能说你同他一样，对真理有了同等水平的认识。二是如果你在辩论中已经眼见对方哑口无言，败势已定，应拿出不杀降者的气魄来。打破这种尴尬的方法有两种：首先是主动打住话题，结束对立场面；其次巧妙地为对方搭个台阶，让他在不失面子的前提下得以“平安下台”，胜负自是彼此心照不宣，何不抓住重归于和平的机会呢？三是如果你因辩论的需要而已经把对方打得一败涂地，切不可为了一点点虚荣把旗帜挂在脸上。人在得意时，克制更是一种美德。争论结束后，给对方端一杯茶，笑言一句：“瞧，我们像孩子一样，这么认真！”或轻松自如地转一个话题。

综上所述，在社交中，若人家提出的意见，你不同意，千万不要马上反驳，至少要给他一个台阶下。一定要明白，争辩并不是目的，达成共识、解决问题才是目的。很多人在与人争辩的过程中，渐渐地转移方向，把对事情的反对态度转变为对对方的否定态度，因而一场争论发展成一场冲突。当双方的意见僵持不下时，应该明白，再这样下去对双方都没有好处，最佳的办法就是，找到一个双方都能接受的方案，或者建议一个可行性强的折中方案，其中包含了双方的部分观点。

意气用事，难成大事

在我们的身边，经常能见到一些不懂得用理智的缰绳控制情绪的“野马”，凡事爱凭一时冲动，凭意气行事。痛快倒是一时痛快，却造成了多少彼此的深刻伤害，招致了多少惨重的损失！

有的人，因为受上司一点不公正的批评，便情绪冲动，愤然一走了之，丢了工作，生活从此漂泊无着，一步步陷入困境；有的人，与恋人发生了点矛盾，一时赌气扭身而去，一去杳无音信，他年相逢，已是人各有属，隔河相望，愧悔何及！一些女人在悲愤无奈之时，摔碟子砸碗，撒泼打滚，甚至不惜上街泼骂，就想拼个鱼死网破。你不让我活好，你也甭想好活。一些男人上火时，拳脚相加，以殴打解决问题，结果小事演变成大事，酿成一连串的苦果，足可让你后悔一生。有人一言不合，发生口角，怒从心头起，恶向胆边生，拔刀相向，伤害了对方，自己也锒铛入狱，毁了一生，原来只为一点绿豆大的事。有人失恋或被遗弃时，或用硫酸水毁了对方的花容，或服药跳楼上吊，轻易断送了如花的生命。有少年受了父母、老师一顿训斥，愤然离家出走，葬送了一生前程，有的甚至杀害了父母！

意气用事造成的悲剧比比皆是，令人扼腕叹息。但是，同样的悲剧年复一年地上演着，古代有，今天有，或许明天还会有。那么，这些悲剧真的无可避免吗？或许不然，人是个很复杂的动物，很多想法就在转念之间，过了那一会儿，态度就会发生改变。如果你是一个人还无所谓，如果是一位组织的领导，你的决策可以决定全体成员的命运。

战国时期，齐国想攻打宋国，燕王派张魁作为使臣率军前去帮助齐国作战，而齐王却稀里糊涂地把燕王派来帮助自己的张魁给杀了。燕王得知后自然非常气愤，发誓要为张魁报仇，决心给齐国一点颜色看看。但大臣凡繇持反对意见，他谒见燕王，告诫不可意气用事。后来，昭王忍辱负重，依照郭隗千金买马骨之计，引来四方贤士，人才若百川归海，燕国国内也人才辈出。燕国逐渐得以繁荣昌盛，燕王也已不再是那样忍气吞声甘做奴才了，在济水一战不但得雪前耻，把齐国打得落花流水，并且一跃成为春秋时期的强国。

燕王用一时之忍，换来了国家的崛起，这笔买卖他赚大了。所以，我们做事时也不要意气用事，否则就得不偿失了。意气用事按字面意思可解释为：意气是主观偏激的情绪；用事就是行事，缺乏理智，只凭一时的想法和情绪办事。《孙子兵法》强调："主不可因怒而兴师，将不可以愠而致战。"用现在的思想表达就是：不要把个人的情绪带到工作中。作为创业者，应该有宽阔的心胸，进行市场经营决策时，更不能意气用事，否则就会得不偿失。

偏激是指人的意见、主张等过火的一些行为，在生活中比较常见。性格和情绪上的意气用事，是做人处世的一个不可小觑的缺陷。性格和情绪上的偏激是一种心理疾病，它的产生源于知识上的极端贫乏、见识上的孤陋寡闻、社交上的自我封闭意识、思维上的主观唯心主义等。偏激表现为以下三个方面：

第一，认识上的片面性。偏激的人以绝对的、片面的眼光看问题。总是戴着有色眼镜，以偏概全，固执己见，钻牛角尖，对人家善意的规劝和平等商讨一概不听不理。偏激的人怨天尤人，牢骚太盛，成天抱怨生不逢时，怀才不遇，只问别人给他提供了什么，不问他为别人贡献了什么。人们交朋友喜欢"同声相应，意气相投"，都喜欢结交饱学而又谦和的人。偏激的人缺少朋友，老是以为自己比对方高明，开口就梗着脖子和人家抬杠，明明无理也要搅三分。试想，这样的人谁愿和他打交道？比如，有些学生一次考试考好了，就以为自己什么都好，扬扬自得，容易产生骄傲情绪。而有时一次考试不理想，就消沉到底，一蹶不振，认为自己什么都不行了。

第二，情绪上的冲动性。偏激在情绪上的表现是按照个人的好恶和一时的心血来潮去论人论事，缺乏理性的态度和客观的标准，易受他人的暗示和引诱。如果对某人产生了好感，就认为他一切都好，明明知道是错误、是缺点，也不愿意承认。

第三，行为上的莽撞性。偏激在行动上的表现是莽撞从事，不顾后果。中学生往往认为友谊就是讲义气。当他们的朋友受了别人“欺侮”时，他们往往二话不说，马上就站出来帮朋友打架，把蛮干、鲁莽当英雄行为。

在现实生活中，不能正确地对待别人的人，就一定不能正确地对待自己。见到别人做出成绩，出了名，就认为那有什么了不起，甚至想尽千方百计诋毁贬损别人；见到别人不如自己，又冷嘲热讽，借压低别人来抬高自己。像这样的人，干事业、搞工作，成事不足，败事有余。在社会上恐怕也很难与别人和睦相处。要克服偏激，只有对症下药，丰富自己的知识，增长自己的阅历，培养辩证思维能力，全面、灵活、完整地评价事物，冷静、客观地看待问题，掌握正确的思想观点和思想方法，不放纵、迁就自己，说话、做事多冷静思考，才能有效地克服这种“一叶障目，不见泰山”的偏激心理。

爱吹嘘是种“病”

吹嘘的心态很正常，每个人都会有。有的人吹嘘可能只是逞一时之快，无心而为，但处事中一定要抑制这种心态，以防惹人反感。

人贵有自知之明。“夸口、说大话、吹牛皮”的人，常常是外强中干的，而且他的目的只不过是引起大家对他的关注，以满足自己的虚荣心。朋友、同事相处，贵在讲信用。自己不能办到的事情，胡乱吹嘘，会给人华而不实的印象。久而久之，吹牛者在人际交往的圈子里终会有无法立足之日。

不顾别人的感受，只顾沉浸于自我吹嘘，在多数场合是不受欢迎的。任何人都有一种逆反心理，都会自然而然地在心中对你的吹嘘贬斥一顿。优点最好由别人去发现，这不是缺乏自知之明，别人发现了也不见得非讲给你听，这样才有人际交往中的震慑力和神秘感，也就是很多人梦寐以求的“魅力”。在追求成功的奋斗中，信心、自信固然是支柱，可有人却携带了自我吹嘘这颗毒瘤。每个人都有表现欲，有了成绩总希望别人知道，快乐也想与人分享，最好能受到赞美和羡慕的眼光。但要知道，每个人都讨厌别人的吹嘘。有涵养的人会顾及对方的面子，点头应承。可千万别认为每个人真的都这么有涵养。大多数时候，你不会那么幸运。很多人会在别人吹嘘自己的时候很冷静地刺他一下，把他自我吹嘘时不小心露出的漏洞给捅出来。具体说来，喜欢吹嘘的人有以下几种表现：

第一，喜欢自我吹嘘的人很容易给人以不老实的感觉。如果去面试，想得到一个好的工作，怕短时间内不能把自己的优点和成绩全告诉对方，于是拼命地显示自己的好，吹嘘自己的过往，那么经理也许会认为这个人好大喜功，功利心过重，做事肯定不踏实。如果有这样的印象，那肯定没戏了。

第二，喜欢自我吹嘘的人经常会有意无意地贬低别人。有时候，他并没想到要贬低别人，但在说话时一味强调自己，旁人听了就会感觉到他在抬高自己贬低旁人。在办公室年终小结的时候，轮到他发言，他一口气罗列了几十条成绩。有些确实是他的成绩，但有些是共同的成绩，他揽在自己名下。同事当面不会说他什么，但会在投票的时候让他孤立无援。

第三，喜欢自我吹嘘的人往往缺少团队协作精神。他们喜欢表现自己，喜欢抢功劳，喜欢争名夺利。在需要协作完成时，他们首先会尽可能地一个人干。不行的话，他们会在过程中有意识地分清你我，让别人清楚，哪些是自己干的。有能力干倒也无妨，最可恨的是干起事来缩在后面、干完事后抢在前面的人。当然，他自己不喜欢集体，集体也不会喜欢他。所以，喜欢自我吹嘘的人往往是孤独的。

第四，喜欢自我吹嘘的人也容易自我陶醉，容易得意忘形，也容易忽视别人。谦虚的人才能做出成绩，稍微有点能耐就自我吹嘘的人不可能获得长足发展，因为他在自我陶醉时，最容易忘乎所以，导致做事漏洞百出。我们都知道自我吹嘘不讨人喜欢，自我吹嘘的人也往往会在孤独中体会到这一点。所以，在说话之前，凡事都要多为别人考虑一下。千万不能在名利面前太贪，需分清彼此，最基本的是不能抢别人的功。如果能让一些给别人，那就更好了。但不管如何，切记：在张口的时候，要先说别人的成绩和功绩；然后，再顺带提自己那份。

因此，要时刻提醒自己：成绩是大家有目共睹的，再说就是画蛇添足了。其实，有的人被人冠以“自我吹嘘”，也是有点冤枉的，因为他们说的还都是实话，只是喜欢在别人知道以后还不厌其烦地说自己的成绩。其实，即使别人没看到，但迟早会知道，不必担心成绩会马上消失。要记住：别人传的优点要比自己去说可信百倍。如果能在做了好事无人知晓的情况下一言不发，那就成“圣人”了。

要想成功，就要有这种心态：我们做事不是为了给别人看的，而是为了自我充实、自我满足。如果凡事都要别人肯定，自己才能高兴，那也太可悲了。毕竟，活在别人的“眼光”里是很累的。

人生中，每个人都有成功或失败的时候。对经历过一次失败的人，我们绝不能断言他会永远失败。相反，即使是获得成功的人，如果他总是高枕无忧、骄傲自满的话，他也会尝到失败的苦头。既然这样，嫉妒或排斥成功者的做法就是不可取的。如果有朝一日你也成功了，却遭到别人的嫉妒，你也会伤心的。

聪明人从不耍“小聪明”

某人问上帝说：“上帝啊！一百年对您来说，算是怎样的呢？”

上帝回答：“一百年就像一分钟一样！”

某人又问：“那么，一百万美金呢？”

上帝说：“跟一个铜板差不多！”

某人说：“好极了，上帝，借我一个铜板，怎么样？”

上帝说：“我非常愿意，不过，你得要稍等我一分钟。”

“小聪明”这个词大家都熟悉，意思是“在小事情上显露出来的聪明”，如果前面再加一个“耍”字，一般人都看得出来，那绝对不是夸奖一个人有什么大智慧。尽管如此，在日常生活中，总还是有一些人耍小聪明。

西班牙民间流传这样一个小故事：

一个国际语言学校的老师问四个分别来自德国、日本、韩国和中国的学生：“我家的浴缸水满了，要把浴缸里的水弄出去，有三个工具：一个汤匙，一个杯子，还有一个是塑料大桶。请问用什么办法最好？”

日本人、韩国人和德国人抢着回答：“用塑料桶。”老师说：“错。”

中国人慢条斯理地说：“在这个问题中，工具是误导思路的物品。要把水弄出去，只要拔掉浴缸塞子即可。”

老师说：“回答正确，请另外三个同学为中国人的聪明鼓掌。”

老师接着又说：“假设你们四个人要过马路，信号灯是红色，不过左右暂时没车，其中一个人迎着红灯闯去，当他走到马路中间时回头对同伴说：‘你们傻站着干吗，快过啊！’话音没落，他被一辆突然转弯的摩托车撞倒。请问，被撞倒的是谁？”

日本人、韩国人和德国人异口同声地说：“中国人。”

老师说：“回答正确。”

这个流传的笑话告诉大家一个现实：中国人很聪明，但常常被聪明所误，甚至酿成灾难。这种耍小聪明的事情不仅国外有，历史上也是屡见不鲜。一旦掌握军政大权的人耍小聪明，会危及国家的生存和人民的生命。

战国时期，秦国进攻韩国，切断其首都新郑与北方上党郡之间的交通。上党郡长冯亭派使节赶往赵国首都邯郸，面见赵惠文王，表示愿将上党所属十七座城市划入赵国版图。平原君赵豹引用圣人的话说：“无缘无故降临好处，是一种灾难。”赵王此时玩起了小聪明：“上党军民都愿归附我们，怎能说无缘无故？”在他看来，这可是一个大便宜，巴不得呢。

实际上，上党不仅是一个烫手的山芋，更是一个点燃了引信的炸弹，其他诸侯国避之犹恐不及，赵国却将其揽入怀中。公元前 260 年，秦军围攻上党，赵军四十六天没有粮食吃，官兵饥饿难忍，只好相互谋杀吞食。几经突围，损失惨重，统帅赵括死于乱箭之下。统帅战死，四十万士兵向秦军投降。即便如此，这些士兵也没能逃脱厄运，除极少数士兵放回报信之外，绝大多数都成了秦军坑杀的对象。经此一战，赵国损兵四十五万，元气大伤。

西方有这样一种说法：法兰西人的聪明藏在内，西班牙人的聪明露在外。前者是真聪明，后者则是假聪明。培根先生认为，不论这两国人是否真的如此，但这两种情况是值得深思的。他指出：“生活中有许多人徒然具有一副聪明的外貌，却并没有聪明的实质——‘小聪明，大糊涂。’冷眼看看这种人怎样机关算尽，办出一件件蠢事，简直是令人好笑的。例如，有的人似乎特别善于保密，但保密的原因其实只是他们的货色不在阴暗处就拿不出手。这种假聪明的人为了骗取有才干的虚名，简直比破落子弟设法维持一个阔面子的诡计还多。凡是这种人，在任何事情上都言过其实，不可大用。这是因为，没有比这种假聪明更误大事的了。”

道理就是这么简单，却又无比深奥。一个不知道“激流勇退”的人实在是一个傻瓜，一个机关算尽的人最终会算到自己头上。俗语云，“搬起石头砸自己的脚”，正好是“聪明反被聪明误”的绝妙写照。因此，无论是安于命运还是抗争命运，都要以承认个人机智局限为前提。知其可为而为之，是聪明的；知其不可为而为之，则是愚蠢的。

人们常说，“占小便宜，吃大亏”，“是金子总会发光的”。如果你是真正的聪明，就不要总是在别人面前随便地“卖弄”你的聪明。那样做，不但使你的聪明变得廉价，有时还会给你惹来不必要的麻烦。成功需要的是智慧，不是自以为是的小聪明。小聪明在时间面前不堪一击。若真的是个聪明人，就不会要小聪明，也就能够避免弄巧不成的难堪。

第十篇

突破自我，完美人生

解开心结，迎接幸福

《坐禅仪》中记载：一次，佛陀的弟子阿难在烦恼不堪时请教佛陀："怎样才能铲除我心中的烦恼啊？"佛陀拿出一条手帕，在上面打上很多的结，然后问阿难："你看这是什么呀？"阿难回答："这是结啊！"佛陀乘机说道："阿难啊，在你的内心，也跟这个帕子一样，打了许多的结，只要把这些结一个一个解开，你的烦恼也就消除了。"阿难听后，立刻明白了。

现实生活中的我们，为怎样吃烦恼，为怎样穿烦恼，为房价上涨烦恼，为子女择校读书烦恼，为工作不顺心烦恼……

人的一生，大苦不断，小苦连连。困难、挫折、烦恼、痛苦形影相随，躲不过也无处躲，叹息、焦虑、恐惧……统统解决不了问题。每个人都有心结，在不经意间结下了心结，却需要用心地去寻找一个解开这个心结的缘，来打开它。否则，心结会成为一个永远的疙瘩，堵在心口，沉淀在心底，时不时地会冒出来，刺激你一下，刺激得你哽咽在喉，难以吞吐，甚至是泪盈于心。打开心结，在于机缘凑巧，机遇来到，也许不经意间结下的，又于不经意间打开了。然而，有的时候，却需要用心去打开它。

小雨毕业后初入社会，在某合资公司外贸部就职，不幸碰上一个爱拍马屁、什么本事都没有的主管。此人每天下班后没有什么事儿也要拼命"加班"，无事生非，把白天理好的文件弄得一团糟，转眼出了错，又把责任全部推给小雨。小雨不是一个会"争"的女孩子，只好忍气吞声等科长出"火眼金睛"。结果等了三个月，还是等不来一句公道话。

一气之下，小雨就去了另一家外资公司。在那里，她出色的工作博得了许多同事的称赞，但无论如何也没法使苛刻、暴躁的经理满意。心灰意冷间，她又萌动了跳槽之念，于是向总裁递交了辞呈。总裁先生没有竭力挽留小雨，只是告诉她自己处世多年得出的一条经验：如果你讨厌一个人，那么你就要试着去爱他。总裁说，他就曾鸡蛋里挑骨头一般在一位上司身上找优点。结果，他发现了上司的两大优点，而上司也逐渐喜欢上了他。

小雨依旧讨厌她的经理，但已悄悄地收回了辞呈。她说："现在想开了，作为一个成熟的人，应该放开心胸去包容一切、爱一切。换一种思维看人生，你会发现，乐趣比烦恼多。"

一个人的生命长短并不是最重要的，重要的是我们怎样度过这些日子；我们的生命也不是为了在费尽心思地刮骨索取、争名夺利中度过。也许我们一生都将平平淡淡，但能够做到一生都平平淡淡是很了不起的事情！正如禅师所讲的禅是"饥来吃饭困即眠""平常心是道"。可见，平凡本身就是一种伟大、一种境界。生活不是一种负担，无论成败得失，无论悲喜哀乐，无论精彩平淡，无论贫富骄奢，只有挚爱生活才能享受其中乐趣，我们拥有的是人生价值过程的精彩。

活着，就是要表明自己在世界上的存在，一个短暂的回忆足够让人幸福一生。爱生活，生活就会快快乐乐，不管人生道路怎样，快快乐乐就够了，难道让自己快乐还需要理由吗？

人各有命，人比人气死人，每个人的命运都不同；人各走各的路，我们只要走好自己的路就行。我们没有必要羡慕别人，没有必要自艾自怨，更没有必要矫揉造作地装蒜。有些人的幸福快乐只是一种虚伪的外表，虚伪不仅是一种负担，更是一种痛苦！放开了，放下了，你就会快乐。幸福只是一种生活的感受，一种真实的生活感受。只要我们向往明天的美好，热爱生活的点滴，珍惜今天的拥有，你的幸福、快乐将永恒！

人有很多事情都是不由自己所控制的，更无法压制自己的感情，就如洪水越堵就会越汹涌！我们相信这个世界是有奇迹的！只有相信才会拥有；我相信，所以我一定会拥有。诚然，这是一个没有期限的等待，也许最终我会一无所有、心力交瘁，但我无怨无悔，“不求天长地久，但求曾经拥有”。在人生道路上，假如没有遇上机遇或者失去机遇，也没有必要悲伤，只有耐心等待，因为只有等待才有转机，只有等待才会有奇迹的发生。俗话说：“时间是化解矛盾的最好良药。”时间是转化命运的最好机遇。

有了心结不要去害怕、去逃避，有它是很正常的，关键是怎样对待它。看你的心结是怎样产生的，是什么原因才导致你的心结产生。不要因为心结打不开就郁郁寡欢，整日愁眉苦脸。我们还要正常地去生活、去学习、去工作，去和朋友交往。只有这样，才能缓解我们的心理压力。

大智若愚，难得糊涂

古人云：“识时务者为俊杰。”自古雄才大略之人皆能顺应时势而成大事，永远走在时代的前面。兵法说，战法应该“与时迁移，随物变化”，这也就是“造势”的奥妙所在。其实，掌握时机永远是强者的智慧体现。人的一生中，最根本的无外乎两件事：一件是做人，一件是做事。的确，做人之难，难于从躁动的情绪和欲望中稳定心态；成事之难，难于从纷乱的矛盾和利益的交织中理出头绪。而最能促进自己、发展自己和成就自己的人生之道便是：低调做人，高调做事。

做人要低调，处世要智慧，何必老是去跟别人针锋相对，更不要跟自己过不去。那么，有什么良方妙法可以化解人际交往中的锋芒呢？“大智若愚，低调做人”就不失为人处世的良策，它能让你随时随地反躬自省，检视个性盲点。

其实，愚是一种“道”，是为人处世的规律和法则，它是一种大智慧。聪明的人有很多，他们出类拔萃，在年轻的时候就已经崭露头角。遗憾的是，他们在人生的后面很长一段时间却丝毫没有建树。不仅如此，我们经常还会听到这些人过得很是不尽如人意的消息。到底是什么导致了这种结果？原因可能会有很多，但其中有一个重要的原因，想必是他们不懂得低调做人的处事原则。他们或许是智商很高的人，然而他们的情商却让人不敢恭维。

因为他们过于聪明，所以他们比一般的人有更多的选择。他们可以毫不费力地得到很多东西，这些东西让我们这些普通人艳羡不已。但后来，他们并没有因为选择多而获得成就，原因就在于选择一多，“陷阱”也越多。他们从一个陷阱跳到另一个陷阱，始终在陷阱中不能自拔。很多人认为，既然他们这么聪明，他们无论如何都会有优秀的表现，于是将他们当作星星和月亮来追捧。在这种没有人敢跟他们说一句重话的环境下，他们开始学会了命令别人做这个、做那个。他们往往看不惯那些有缺陷的东西，一看到不顺他们眼的东西就一定要说出来，他们忘记了做人应有的根本修养。

因为他们过于聪明，所以他们往往会找很多理由来证明这种聪明。然而，他们没有考虑到，在这种证明的过程中，自己已经失去了本心，已经失去了平常心。他们本想通过证明而获得盛名，但同时也因为盛名，使他们内心无法平静，无法再前进一步。

因为他们过于聪明，所以他们很难和别人融合到一起。他们很少去赞赏别人，在他们的意识中，向来都是别人夸自己，根本没有自己夸别人的必要。同时，他们的聪明像是明亮的眼睛，明亮得让所有有私心的人都觉得无处躲闪。然而，试问一句，在这个世界上谁没有私心？

因为他们过于聪明，他们也失去了很多，包括他们的自由、他们平静的心态、他们对待生活的态度、他们对朋友的关怀等。由于他们过于聪明，所以他们学不会洒脱。学会洒脱和平静，是那些根本就没有想到自己会洒脱的人做的事情。我们应该推崇愚道，这是一种大智若愚、大道无形的学问，也的确是社会上最实用的生活哲学。

愚道有丰富的内涵，大致包括以下几个方面：

第一，愚道是一种包容的法则，它能够包容很多一般人无法包容的东西。它不是很刚脆的学问，而是十分柔韧的气质。它不是哗众取宠的学问，而是一种“静若处子”的心态。其实，在我国古代社会就一直存在这样的规则，只不过没有人愿意说破罢了，最多也就像郑板桥那样，轻描淡写地写上“难得糊涂”几个字。

第二，愚道是一门教人为善、引人和谐的学问。现今的社会太浮躁了，物欲横流，人们追求财富的步骤越来越急促。愚道当然不是完全反对这种社会现象，而是觉得人们应该有所求，但也有所不求。愚道推崇在追求财富的同时，要进行反思，要把人们本应放在学习上的心都拉回原来的位置。

第三，愚道是一种克敌制胜的学问。它的精髓就在于能化敌为友、深谋远虑、以静制动、以柔克刚……所以，称之为克敌制胜的法宝，让人领略到中华传统的博大精深。

第四，愚道还是一门生活的艺术。人要和生活达成和谐，才能得到完美的幸福。愚道中有很多和生活达成和谐的法则，不但包括你和亲朋好友达成和谐，还包括你和仇人达成和谐，甚至还包括和自己达成和谐。在和谐中，人们都能得到幸福。

第五，愚道不是笨人的哲学，恰恰相反，最应该了解愚道的人绝对是聪明人。越是聪明绝顶的人越应该了解愚道。在这个漫长的过程中，聪明人会逐渐收敛自己身上的一些光芒，学会潜心修行，学会去做一些未来的工作。不再为此浮躁，因为浮躁对他们来说有百害而无一利；他们不再招摇，因为招摇往往给自己招来仇恨；他们不再唱高调，因为愚道可以证明谦虚绝对要比唱高调好。

第六，愚道还要求人们学会着眼长远，学会掌握自己的生存之本，学会与他人和谐相处，但又不被他人所左右而失去自我；学会去用积极的人生观来影响别人，同时也自觉抵制别人的负面影响；学会去做自己喜欢的事情，而不要整天劳碌奔波，忙碌不休，到最后发现自己竟然什么都没有得到。

真正的智慧总是与谦虚相连，真正的哲人必然像大海一样宽厚。浅薄的嫉恨和无知的轻蔑都是真正不尊重劳动、不尊重勤劳的表现。人们常说："播下行为的种子，你就会收割习惯；播下习惯的种子，你就会收割性格；播下性格的种子，你就会收割命运。"

沉得住气，压得住火

我们正处在一个社会经济转型的时代。人心浮躁，急于求成，人在流浪，心在漂泊，或者“身在曹营心在汉”，躯体在那里，灵魂早已出壳，缺乏耐心和恒心，看似忙忙碌碌，到头来却一事无成。事实上，一个人只有沉得住气，踏踏实实做好每一件小事，沉稳沉着，并逐渐内化为一种素质、一种能力，才能一步一个脚印，不断迈向成功；才能不断提高自己的修养，保持内心的平衡和稳定，保持气度上的从容淡定、宁静致远。

沉得住气，就要克服内心的浮躁。上善若水，内心从容淡定，锁定目标，减少欲望。欲望就像监狱，牢牢地监闭了我们的心，让我们的心一辈子都在坐牢。沉得住气，就要始终如一，执着、坚持。三天打鱼，两天晒网，只能是黑瞎子掰棒子，到头来还是最初的那一个。坚持就是胜利，坚持应该成为一种习惯，坚持就是一种优秀的素质。

生活中，在自己还没有足够实力的时候，应该沉得住气。不能争一时之功，意气行事。沉稳的人总善于捕捉机会，洞察全局，因为他拥有一颗稳定、清醒的心去面对一切。做人要沉得住气，做事才能稳住阵脚。沉稳就是你生存的重要法宝。在这时候，成大事者能审时度势，不把那些小耻小辱放在心上，且在暗地里积蓄力量，积极行动，以图后起。另外，低调做人本身就不能张扬，而是要沉得住气，才能隐藏自己的信心和实力，最终站稳脚跟。

沉得住气是一种修养的功夫。东晋淝水之战期间，谢安正与朋友下棋，得知侄儿谢玄力克敌人，但他不形于色，依然冷静下棋。沉得住气是一种忍辱的智慧，英烈千秋的张自忠受命与敌人周旋，却被误认为卖国贼。但他沉得住气，最后完成使命，流芳千古。诸葛亮以空城计骗过司马懿的数十万大军不战而退，也是沉得住气。有智慧的人，越是紧急危难越是冷静沉着，因为唯有在镇静中才能想出应付事变的方法。所谓“饭未煮熟，不要妄自一开，蛋未孵熟，不要妄自一啄”，拳头不要随便打出去，要沉得住气，才有力量；眼泪不要随便流出来，要沉得住气，才能化悲愤为力量。沉得住气，也不是没有是非观念，而是冷静沉着，伺机而动。气定神闲，从容安详，呆若木鸡，最后方能不战而胜。

小时候，常听人讲这样一句话：“稳着不少打粮食。”意思是说，遇事要沉着沉稳，不慌张；做事不要急躁，不要急于求成，慢慢来；遇到不顺心不如意的人或事，要压住心中的火。仔细品味这句话，觉得这句话对一个人成长、做人做事、品质修养都有着重要的意义。

沉得住气，就要耐得住寂寞。人生要耐得住寂寞，王国维说：“古今之成大事业者、大学问者，无不经过三种之境界：昨夜西风凋碧树，独上高楼，望尽天涯路。此第一境界也。衣带渐宽终不悔，为伊消得人憔悴。此第二境界也。众里寻他千百度，蓦然回首，那人却在灯火阑珊处。此第三境界也。”要想做成一点事，没有一点定力是不行的。

沉得住气，要善于把自己放到低处。海之所以能纳百川，是因为置于低处。莎士比亚说：“最低陋的事情往往指向最崇高的目标。”也许你做的事很低微，但一定有它的价值。古往今来，欲成大事者必须胸怀宽广，能屈能伸。只有沉得住气，积蓄力量，方能临机发力，一举克敌，获取胜利。但说起来容易，真正做到的很少。在紧要关头，偏偏忍不住，而是意气用事。做人要有宽广的胸襟、长远的目标，形势不利时就要容下难容之事，忍住一时之气，为长远考虑；而沉不住气，时机未成熟就贸然行动，只会使自己败得更惨。

顺风顺水时，要把持住自己，沉得住气。低调一些，免得树大招风，引来一些不必要的事端。这样做的好处就在于可以少一些绊脚石，让自己的路走得更稳健一些。失败时要沉得住气，气闲神定，保持镇定。

沉得住气是一种素质，是一种优秀的习惯。一个人只有沉得住气，才能踏踏实实做好每一件小事。

用“舍”换取“得”

在中国的语汇里，“舍”与“得”经常是联在一起用的，最有哲学的味道。舍得，舍得，不舍不得。舍就是得，小舍有小得，大舍则大得，不舍则不得。所以，人生的学问不是如何去得，而是在于如何去舍，学会了舍才懂得了得。

我们经常说，“舍得”小小的种子，很快就会得到回报。最不用成本的“舍得”是愿意舍出爱心与慈悲心。这方面，佛陀是我们的榜样。佛陀从伟大的无我境界中发出去的舍得，舍去他的享受，付出了很多辛劳。他传教的四十余年是很辛苦的，但他把佛教传播出去了。佛陀的一代代弟子也为此付出了很多。并不只是佛陀这一个老师，所有的老师都是这样的。一个老师实际上一生也很短暂，但他教出了一批批的学生。这些学生有的去经商，有的去搞教育，有的当医生，他们在方方面面给社会做出了很多贡献。所以，在这种“舍”中，他们得到的是无止境的快乐。

生活中也是一样的。农民舍得春天时间，舍得他可以吃的粮食，把种子种到地里，然后再舍几个月的时间翻土地、浇水、撒肥料，秋天就会有收获。也就是说，他布施了春天的时间，就会得到秋天的收获。

人与人之间的交往上，我们对事业的投入上，也都是这样。如果你付出得多，得到的回报也一定是加倍的；如果你没有付出，得到的肯定就没有多少。所以，舍不得种子想等到果实是不可能的。很多人想做的就是空手套白狼，自己什么都不愿意付出，光等着天上有珠宝掉下来，那是不可能的事情。

有一个人出门办事，跋山涉水，好不辛苦。有一次，他经过险峻的悬崖，一不小心，竟然掉到深谷里去。这个人眼看生命危在旦夕，双手在空中攀抓，刚好抓住崖壁上枯树的老枝，总算保住了生命，但人却悬荡在半空中，上下不得。正在进退维谷，不知如何是好的时候，忽然看到慈悲的佛陀，站立在悬崖上，慈祥地看着自己。他如同见到救星一般，立刻请求佛陀说："佛陀！求求您慈悲，救救我吧！"

佛陀慈祥地说："我救你可以，但你要听我的话，我才有办法救你上来。"那个人忙说："佛陀，到了这种地步，我怎么敢不听您的话呢？随便您说什么，我全都听您的。"这时，佛陀说："好吧！既然这样，请你把攀住树枝的手放下！"那人一听，心想，把手一放，势必掉到万丈深渊，跌得粉身碎骨，哪里还能保得住性命？因此，他更加抓紧树枝不放。佛陀看到他执迷不悟，只好离他而去。

世人在一生中最舍不得的就是这个"我"，这是最大障碍，谁要是敢舍，就像这个人松开抓住树枝的手，舍掉自我，那么他就真的能大得。这就是大舍才能大得，敢死才敢活，敢大死才敢大活。在你"松手"舍弃自我的一瞬间，在你做到了一般人都不敢大舍的举动之后，你一下子悟到了生命的本质，悟到了幻象与真相，从而获得心灵大自由、精神大解放，生活焕发了生机。

古时候，有一个贪财的人背一麻袋金子过河，遭遇恶浪翻船。船夫劝他丢掉金子，可他舍不得，却最终丢掉生命。身陷绝境，除自身之外，·样也留不得。遇险时，绝对是舍大于得。不然，老命搭进去还不知道咋回事，的确够蠢的。

人生下来是纯洁的，人的贪是在后天的成长过程中慢慢形成的。当今社会，少数大权在握的官员就幻想鱼和熊掌兼得，虽坐拥金山银山还不满足，终至大捞特捞"东窗事发"而舍命。其实，懂得放手和舍去是明智之举。有句俗话叫："吃饱了要知道放碗。"所以，舍得是一种人生哲学。舍是一种本领，一种态度，一种境界。舍得舍得，先舍后得；舍在前，得在后。也就是说，"舍"与"得"虽是反意，却是一物的两面。舍得是对等的，你先舍，然后才能得。一个人只有施与才能获得，不管是哪一种方式的施与。这就是

“舍得”的真意。能“舍”方能“得”。当然，这种“得”更多的是指精神的丰润、境界的升华。舍得之间暗藏玄妙，意境很深，只能靠自个儿去琢磨、去感悟。

现代人眼里，“舍”就是付出、是贡献、是投入，“得”是成果、是产出、是认同。舍得舍得，不舍不得。上帝是公平的，不可能把所有的东西都给予一个人。所以，大家就要在生活中学会舍得，做出正确的选择。

谦虚是打开成功大门的钥匙

《道德经》中说："汝惟不矜，天下莫与汝争能；汝惟不伐，天下莫与汝争功。"这句话的意思是：如果你不自我吹嘘，天下就没有人与你争高下，没有人与你争功劳。说得更直白些，就是要求我们做人要谦虚。一个人如果放低身段，谦虚为人，就会得到别人的帮助，受益匪浅。相反，一个人如果骄傲自满，自高自大，听不进别人的意见，必定会遭到失败的惩罚。

人往往是这样，一旦做成了一点事，或者说取得一点成绩，大多比较高兴，会有一定的成就感，这无可厚非。可是，有些人就是因为在成绩面前不能很好地把握自己，甚至是沾沾自喜，让胜利冲昏了头脑，便不再像以前那样谦虚了、努力了，不那么平易近人了，而是从此变得茫茫然，不知所以然。这样的人，多数不会有大的发展，不会取得很多成绩，反而会从此止步，停滞不前。即便有的人靠一些外在的、复杂的因素，凭一时侥幸，有了一些进步和发展，得到了什么名誉和金钱，可最终的结局不会太好。这是因为，你的进步与发展，你的名誉和金钱，不是靠自己的努力而获得，而是凭借一些外在因素来窃取。事实上，这样的东西注定是不能维持长久的。

金无足赤，人无完人。世上任何一个人都不是完美的，都会有自己的知识盲区，都会有不如别人的地方。如果能够虚心求教，就能以他人之长，补自己之短，不断地提升自己的素质。反之，则会陷自己于被动。

曾有这样一个故事：

一个博士被分配到一家研究所里，成为这个所里学历最高的一个人。有一天，他到单位后面的小池塘去钓鱼，正好正、副所长在他的一左一右，也在钓鱼。

“听说他俩也就是本科生学历，有啥好聊的呢?”这么想着，他只是朝两人微微点了点头。不一会儿，正所长放下钓竿，伸伸懒腰，噌噌噌从水面上如飞似的跑到对面上厕所去了。博士眼睛睁得都快掉下来了。“水上漂？不会吧？这可是一个池塘啊!”正所长上完厕所回来的时候，同样也是噌噌噌地从水上漂回来了。

“怎么回事?”博士生刚才没去打招呼，现在又不好意思去问，自己是博士生哪！过一阵，副所长也站起来，走了几步，也迈步噌噌噌地漂过水面上厕所了。这下子，博士更是差点昏倒：“不会吧，到了一个江湖高手集中的地方?”过了一会儿，博士生也内急了。这个池塘两边有围墙，要到对面厕所非得绕十分钟的路，而回单位上又太远，怎么办？博士生也不愿意去问两位所长，憋了半天后，于是也起身往水里跨，心想：“我就不信这本科生学历的人能过的水面，我博士生不能过!”只听“扑通”一声，博士生栽到了水里。两位所长赶紧将他拉了出来，问他为什么要下水，他反问道：“为什么你们可以走过去呢？而我就掉水里了呢?”两位所长相视一笑，其中一位说：“这池塘里有两排木桩子，由于这两天下雨涨水，桩子正好在水面下。我们都知道这木桩的位置，所以可以踩着桩子过去。你不了解情况，怎么也不问一声呢?"

任何人都不喜欢骄傲自大的人，这种人在与他人合作中也不会被大家认可。你可能会觉得自己在某个方面比其他人强，但你更应该将自己的注意力放在他人的强项上。只有这样，你才能看到自己的肤浅和无知。这是因为，团队中的任何一位成员都可能是某个领域的专家，你必须保持足够的谦虚。谦虚会让你看到自己的短处，这种压力会促使你在团队中不断进步。其实，人和人没有本质上的区别，就像一句谚语中说的那样："光滑的瓷器来自泥土，一旦破碎就归于泥土。"再高的学历也只代表过去，而只有学习力才能代表将来。尊重有经验的人，才能少走弯路。一个好的团队，也应该是学习型团队。

做人做事一定要谦虚。谦虚，表面上是一种姿态，实际上是一种实力。一个谦虚的人，绝对不像有的人认为的那样：胆小怕事，势单力薄。其实，一个真正懂得谦虚的人，才是一个理智的人，一个厚重的人，一个真正具备各种能力的人。这样的人，无论做什么都会有收获，无论在何时、何地，遇到什么困难，取得什么成绩，都会积极面对，冷静处置，绝对不会取得成绩就沾沾自喜、遇到困难和挫折就一蹶不振。

如果你初到一个新单位，没有方向是很正常的。但要学会尊重同事，虚心求教。刚到公司，所有的工作对你来说都是陌生的。因此，多向同事求教会进步快一些。要有一种从零做起的心态，放下架子，尊重同事，不论对方年龄大小，只要比你先来公司，都是你的老师。你只要虚心请教，不断学习加上埋头苦干，一定能干出成绩的。

谦虚可以使你永远把自己置于学习的地位，并有助于发现他人的优点。

但是，谦虚决不是通常意义的客套与虚伪，也不是遇到工作时的退缩与推诿，更不是所谓的韬光养晦、深藏不露。如果公司需要你发挥自己的能力，并且你也有这样的能力，你必须知难而进，当仁不让，决不能把谦虚作为推卸责任的借口。

管住欲望，救赎自己

有人说：“人最大的悲哀是不朽的灵魂拖着一个沉重的肉身。”如果没有这个肉身，人的一切欲望就会停止。无欲则刚，人如果没有欲望，就没有什么东西能把他打倒，一切就完美了。上帝给了人智慧，却又残忍地设置各种各样的欲望来勾引人的肉体，考验人的意志。欲望是娇艳欲滴的禁果，放逐欲望必然要付出代价。它引诱多少人趋之若鹜，然后又以翻云覆雨之手，将追随者弃于荒原，去承受那一片亘古不变的荒凉与寂寞。

人们常说，人最难战胜的是他自己。其实，人最难战胜的是他的欲望，对抗它的唯有坚强的意志力和理性的判断力。但是，并不是所有的人都有那么坚定的意志和信念去战胜它。所以说，欲望之门不能打开。这个社会充斥着太多的诱惑——金钱、美色、权力……沉溺于任何诱惑之中不能自拔，都会为此付出惨重的代价。哲学家柏林说得好：“愈是自由的地方，节制愈加可贵。否则，自由会成为自由的屠夫。”古希腊哲学家毕达哥拉斯说：“不能制约自己的人，不能称之为自由的人。”只有肉体上的欲望受到限制，心灵上才能谋求更大的自由。总之，有所节制才会有真正的自由。很多人把自由理解为外在束缚的消除，其实是一种误解，别把放纵当作自由，克制通常更能辉映出人性的光芒。就像博弈，其结果还是节制，是人性有规则地释放。有节制地生活，不要让欲望操控自己，才可能获得真正的自由和快乐。

克制欲望，说起来是一件容易的事，但做起来却不简单。放眼人类历史，由于放纵欲望而丧失自我，毁灭自己的事例比比皆是，而因欲望衍生的彼此仇恨、战争及杀戮更是从未间断过。但是，如果认识了我们人生的责任和意义，就会时时调整及控制自己的欲望，并以追求喜悦及后世福泽为行为前提，而不会跟随或听从魔鬼的诱惑与指示。简单来说，克制欲望有三大类：一是克制犯罪的欲望；二是克制合法享受的贪欲；三是克制未明法规事务的尝试欲望。

那么，过度的欲望该如何去克制呢？笔者认为，有以下三个方面：

第一，培养正确的世界观、人生观、价值观。一个人有什么样的信仰，他就会去坚持和追求什么东西。同样，你有什么样的世界观、人生观、价值观，你就会去追求什么样的东西。如果你觉得这辈子的意义就是一定要成为亿万富翁，那你可能就会拼了命地去追求金钱，因为你的价值观告诉你，如果不成为亿万富翁，那就是失败的人生。如果有这么一种观念的话，那你这辈子就会成为金钱的奴隶。可能你根本就不需要那么多，甚至连一百万都不需要，但为了证明自己是成功的，你就会想方设法去追求，那这就是过度的欲望。当然，如果你想成为亿万富翁的目的是利益他人、利益社会，那又是另外一种情况，是值得赞赏的。但实际上，大部分人追求金钱只是为了证明自己的能力、身价、面子、地位等。这就是由于不正确的观念使自己滋生出无止境的欲望！其实，一个人活在世上需要的东西并不多，而且事实也证明真正得到金钱和地位的人没有因此就幸福了。那何必要去浪费这个时间和精力呢？常听朋友说某某同学进了多好的公司，一上班月薪就几万；某某在部门当领导，多么威风。其实，你只看到他们光鲜的一面，他们的烦恼和痛苦也不见得比你少。所谓的风光都只是表面的，而本质是什么呢？他们每天都被工作、人际关系、家庭等各方面的压力牢牢拴住，甚至大部分的人整天都被这些东西缠得痛苦不堪，欲罢不能！然后，只能无可奈何地摇摇头安慰自己说：这就是人生，如果没有这些酸甜苦辣，那有什么意义呢！所以，如果没有正确的世界观、人生观、价值观，我们往往就会过度地去追求自己其实并不需要的东西，这就是我们要克制的贪欲。

第二，要认清事物的本质。很多时候，我们之所以会傻傻地去追求一些东西，就是因为没有看清它的真相和本质，往往会被表象所迷惑。就比如爱情，为什么会有那么多人爱得死去活来，为某一个人神魂颠倒，或是撕心裂肺，失魂落魄，甚至有的人一天不谈恋爱就会死一样？就是因为他只看到爱情是多么美好、多么伟大、多么崇高的一面，宁愿为之死而无憾。但其实爱情的本质是极度自私的，而且是痛苦的！一旦你真正认识到这一点的话，可能你就不会这么执着地去追求了。所以，当你认清了事物的本质，可能你的执着和贪求就会少很多。

第三，找到自己生命的意义和人生定位，转移注意力。好好思考这一辈子最值得自己追求的是什么，然后全身心地投入进去。人的时间和精力是有限的，当你全身心专注于一件事情，并从中找到乐趣的时候，其他各方面的欲望就会少很多。

先制怒，后制人

在中医理论中，怒乃“七情”之一，而且是七情中表现最为强烈的不良情绪。引起发怒的原因，往往是遇到不顺心的事或被人恶意攻击。“怒”按强度可分为愠怒、愤怒、大怒、盛怒、狂怒等不同等级。

我国民间也流传着关于发怒和制怒的很多趣闻。据记载，东晋时的王述是个有名的急性子。后来，他意识到容易生气动怒是人格不完善的表现，是严重的人格缺陷，下决心自制，处处磨炼自己的性格。有一回，他与谢奕发生矛盾。谢在盛怒之下，对他“肆言极骂”。王听之泰然，表现得非常大度，一时传为美谈。清代民族英雄林则徐性格也比较急躁，有容易动怒的毛病，且往往因为发怒影响了人际关系，给自己带来许多不必要的麻烦。所以，他无论到什么地方，总是将“制怒”二字悬于墙上，时时警戒自己。

喜怒哀乐，人之常情。人生活在充满矛盾的世界里，谁都遇到过生气别扭、令人发怒的事。俗话说：“一碗饭填不饱肚子，一口气能把人撑死。”《三国演义》中，诸葛亮三气周瑜。周瑜在恼怒后，口吐鲜血身亡。怎样制怒，长期以来摆在每一个人的面前。专门研究怒气问题的美国心理学家查理斯·斯皮尔伯格教授认为，怒气是一种强度各异的情绪状态，从轻微生气到暴怒、狂怒。愤怒与其他情绪一样，伴随着心理和生理两方面的变化。当你生气时，会心跳加快、血压升高，能量激素、肾上腺素、去甲肾上腺素水平都会升高。

怒气可以由内而外，也可以单纯源于外因而产生。比如，对一个特定的人（如爱嚼舌头的同事或狂妄无知的上司）、特定的事件（如意外堵车或航班取消）不爽，担忧个人问题或自己苦闷坏了也会导致愤怒。一些伤害性或者刺激性事件的记忆同样也能触发愤怒的情绪。

愤怒是对外界威胁的一种自然反应，可以让我们在受到攻击时进行反抗并保护自己。所以，从这方面来说，适当的怒气对于生存是必需的。但另一方面，我们不能对每一个激怒自己的人进行人身攻击，法律、社会道德和常识也影响和规范怒气发泄的尺度。

发泄、抑制、冷静是其中三种最主要的方法，而不卑不亢地表达出自己愤怒的感觉才是最健康的发泄方式。你必须了解自己真正的需求是什么，怎么在不伤害别人的情况下得到满足。自信但不具攻击性地表达怒气不是给他人施压，咄咄逼人，而应既尊重自己也尊重他人。

怒气也可以被暂时抑制，然后改变或转换成其他的东西。你可以把持住瞬间愤怒的情绪，停止思考，并把注意力转换到一些积极的事物上。这虽然是期望把愤怒压制住并转换成更有建设性的行为，但也存在潜在危险。如果怒气不能转换为外在的发泄，怒气就可能向内转向自己，引起精神过度紧张，出现高血压或抑郁症。

此外，余怒还会引起其他问题，比如引发病态的表达方式。我们经常看到一些攻击行为，直接向人们报复，却不说明原因，也不是正面应对，或是愤世嫉俗和形成充满敌意的人格。那些经常看不起别人，经常指责并发表厌世言论的人就是这样。

达尔文说过："人要是发脾气，就等于在人类进步的阶梯上倒退了一步。愤怒是以愚蠢开始，以后悔告终。"苏东坡也有一句话："匹夫见辱拔剑而起，挺身而斗，此不足勇也。天下有大勇者，猝然临之而不惊，无故加之而不怒，此其所挟持者甚大，而其志甚远也。"两位名人的话很值得那些动不动就发怒的人深思。

生活中，不善于"制怒"的人常常会因为不考虑时间、场合、对象，胡乱地发泄愤怒而给自己惹来不少麻烦，轻则得罪同事、家人，重则导致丢饭碗、离婚等后果。这样的人，人格往往具有相当的冲动性，耐受愤怒情绪的能力很差，倾向于以"见诸行动"的方式来暂时缓解内心的压力。可是，这样的“见诸行动”常常会导致更加不好的处境，招致对手的报复反击。这样的人不会“制怒”的原因，往往源于童年时代严重的心理创伤，这些心理创伤必须要在专业心理医生辅导下逐渐去修复。

那么，怎样消除怒气呢？把怒气转移是一个不错的方法。转移愤怒情绪的心理，在生活中很常见。有一个幽默故事深刻地刻画了这种现象。一个在公司受尽委屈的先生，为了饭碗，他不敢与老板顶撞，于是把一肚子的窝囊气全往妻子身上撒，妻子将这股怨气转移到孩子身上，孩子挨了母亲的骂，跑去踢狗，莫名其妙挨了一脚的狗窝着一肚子的火，跑到路上去咬了行人一口，而那个行人却正是给先生气受的公司老板。

许多时候，人们觉得跟直接产生矛盾的人沟通有困难，于是就采取别的渠道泄愤。但真正正确的做法，是在产生愤怒的地方解决愤怒，尽量找机会温和地表达自己的意见。这样尝试后，我们往往会发现，其实很多愤怒正是沟通不畅导致的。

尖酸刻薄，伤人害己

说话尖酸刻薄，足以伤人心，伤人心的最终结果，还是伤了自己。

在人际交往中，说话刻薄的人往往容易得罪人，因而很难与别人建立较好的人际关系。诚然，生命中有太多值得苛责的东西，爱恨情仇，恩怨得失，一切都无法令人轻易忘记。愚钝的人习惯性地选择喋喋不休，诉说着一切委屈怨恨，越说越多，终究堕落成为一个刻薄庸俗的人。说话尖酸刻薄的人似乎特别伶牙俐齿，说话咄咄逼人，攻击性特别强，而且往往伴有冷嘲热讽，不给人留情面。

《红楼梦》中的林黛玉就是典型的例子。她心高气傲，心眼窄小，说话刻薄，锋芒毕露，气度明显不及薛宝钗。在为人处世的态度上，她缺乏气量，不善交际，封闭自己，只能让自己的路子越走越窄。像贾府这样的深宅大院之地，钩心斗角，祸从口出的事情屡见不鲜，更需谨慎从事。有人说，宁可得罪君子，不可得罪小人。既然你不是小人，你就缺乏小人的道数，你对小人不绕道而走，却反迎头而上，那不是正中小人下怀、以卵击石吗?

林妹妹尖酸刻薄的话，少有人能接受得了，就连一向忍让的宝玉也多次与她激烈争吵。虽然她才智过人，但胸无城府，喜怒形于色，说话无遮拦，分寸无度，直言不讳，树敌颇多，且处事多考虑个人感受，多心、疑心病发，整日斗气，向对方发难，就连下人也要小心翼翼。最后，自己腹背受敌，众人退避不及，怨声载道，支持者日益减少，最后连老祖宗疼爱她也无能为力，使自己处于被动地位。

语言是沟通的桥梁。如果你在沟通中语言尖酸刻薄，必然会伤害别人的自尊，从而有意无意地得罪别人。需要明白的是，得罪人是要付出代价的，将同事或朋友间的矛盾激化是得不偿失的愚蠢行为，能避免就尽量避免。尖酸刻薄的话就是指一些伤人或者大家不愿意听的话。这其中也有很多种，比如老生常谈是对方不愿意听的；一说再说，耳熟能详是对方不愿意听的；与其心境相反是对方不愿意听的；与其利害冲突是对方不愿意听的；与其意见不同是对方不愿意听的；有关他的隐私是对方不愿意听的；而最不愿意听的，是尖锐锋利而又苛毒的话。

生活中，应对尖酸刻薄的人，应保持一定的距离。尖酸刻薄型的人，在生活中和职场上是不受欢迎的人。他的特点是和别人争执时往往挖人隐私不留余地，同时冷嘲热讽无所不至，让对方自尊心受损，颜面尽失。这种人平常以取笑同事、挖苦老板为乐事。你被老板批评了，他会说："这是老天有眼，罪有应得。"你和同事吵架了，他会说："狗咬狗一嘴毛，两个都不是好东西。"你去纠正部下，被他知道了，他也会说："有人恶霸，有人天生贱骨头，这是什么世界?"

尖酸刻薄型的人，天生伶牙俐齿得理不饶人。由于他的行为离谱，他在团队内也没有什么朋友。他之所以能够生存，是因为别人怕他，不想理他。但如果有一天遭到众怒，他也会被治得很惨。如果不幸这类人是你的老板，你唯一可做的事就是换部门或换工作。但在事情还没有眉目及定案时，不要让他知道。否则，他的一轮人身攻击，恐怕会让你承受不了。如果他是你的同事，和他保持距离，不要惹他。万一吃亏，听到一两句刺激的话或闲言碎语，就装没听见，千万不能动怒。否则，就是自讨没趣，惹鬼上身。如果他是你的部下，你得多花时间在他身上。有事没事和他聊聊天，讲一些人生的善良面，告诉他做人厚道自有其好处。你付出的爱心和教诲，有时会替公司带来一份意想不到的收获。

说话尖酸的人，未尝不自知其伤人，而且还以伤人为快。这是什么道理呢？这也许是心理的病态，而心理之所以有此病态，也自有其根源，是后天性的，不是先天性的。换句话说，就是环境的影响。这主要表现在以下几个方面：一是这类人有些小聪明，且颇以聪明自负，而一般人却不承认他是聪明，因此，他有生不逢时之感；二是他自尊心过强，希望一般人尊重他，而现实中偏偏没有，因此，他对于任何人都产生仇视的心理；三是仇视的心理郁积很久，始终找不到消释的机会，他自己又不知从事自身的修养，于是只有走发泄的路。谁是他的仇视对象？因为刺激的方面太多，每个与他接触的人都可能成为他发泄的对象。他认为人们都是可恶的，不问有无旧恨、有无新仇，都要伺隙而动，滥放冷箭。

这类人即使在家里视如父兄妻子，也不会水乳交融。而在社会上，别人则以眼还眼、以牙还牙。总有一天，他会成为大众的箭靶子。所以说，说话尖酸刻薄，足以伤人心，伤人心的最后结果，必然是伤害他自己。